U0873530

普通高等教育“十四五”规划教材

仪器分析实验

顾佳丽　主　编
蔡艳荣　赵　刚　副主编

中国石化出版社
·北京·

内容提要

本书共七章，介绍了仪器分析实验基本知识、紫外－可见吸收光谱法、红外吸收光谱法、荧光分光光度法、原子吸收光谱法、气相色谱法、电化学分析法，每章包括仪器基本原理、仪器组成与结构、实验部分等内容。

本书可作为普通高等院校化学、应用化学、环境工程等相关专业本科生的实验教材，也可作为研究生、教师以及从事分析化学工作科研工作者、技术人员的参考用书。

图书在版编目(CIP)数据

仪器分析实验／顾佳丽主编．—北京：中国石化出版社，2024.1

ISBN 978－7－5114－7427－8

Ⅰ．①仪…　Ⅱ．①顾…　Ⅲ．①仪器分析－实验－高等学校－教材　Ⅳ．①O657－33

中国国家版本馆CIP数据核字(2024)第037771号

未经本社书面授权，本书任何部分不得被复制、抄袭，或者以任何形式或任何方式传播。版权所有，侵权必究。

中国石化出版社出版发行

地址：北京市东城区安定门外大街58号

邮编：100011　电话：(010)57512500

发行部电话：(010)57512575

http://www.sinopec-press.com

E-mail:press@sinopec.com

北京艾普海德印刷有限公司印刷

全国各地新华书店经销

*

787毫米×1092毫米16开本9.75印张224千字

2024年1月第1版　2024年1月第1次印刷

定价：32.00元

前　言

本书是渤海大学规划教材，辽宁省一流本科课程《仪器分析实验》的研究成果。本书根据普通高等学校化学类教学质量国家标准要求，并结合分析化学教研室多年的实验教学经验编写而成。

党的二十大报告指出，教育是国之大计、党之大计，培养什么人、怎样培养人、为谁培养人是教育的根本问题。为了进一步贯彻党的二十大精神，本书以学生为中心，致力于拓宽学生的知识面、激发学生的求知欲，更着重培养学生的创新能力和实践能力，以培养出适应新时代发展需求的高素质化学人才。

本书主要介绍了仪器分析实验基础知识、仪器分析实验基本技术、仪器分析基础实验等内容。各实验均包括实验目的、实验原理、实验仪器与试剂、实验步骤、实验数据记录与处理、思考题、实验注意事项等内容。

参与本书编写和整理工作的有渤海大学刘国成、夏云生、何铁石、迟忠美、朱虹等。本书还借鉴了大量同行书籍和相关国家标准，在此一并表示感谢。

限于编者水平和经验，书中难免存在缺点和错误，恳请专家和读者批评指正，将不胜感谢。

编　者

2023 年 11 月

目　录

第1章　仪器分析实验基本知识

1.1　仪器分析实验的基本要求

仪器分析实验是化学相关专业的基础课程之一，是将仪器分析理论与操作应用技能融合在一起的一门独立开设的基础实验课程。实验内容包括紫外－可见吸收光谱法、红外吸收光谱法、荧光分光光度法、原子吸收光谱法、气相色谱法、电化学分析法。

通过仪器分析实验课程的学习，学生可以加深对仪器分析方法基本原理的理解，掌握仪器分析实验的基本知识和技能，掌握常用分析仪器的结构、功能和使用方法，正确处理实验数据和表达实验结果，能根据不同的分析对象和要求选择合适的仪器分析方法，培养严谨求实的科学态度和独立工作的能力。为达到实验教学目的，要求学生做到：

1. 实验课前

实验课前认真做好预习，明确实验目的，理解实验原理，预习实验内容，了解实验注意事项，完成实验预习报告。

实验课不允许迟到、早退，随意与其他学生对调实验；有事有病须本人与任课教师请假，无故缺席两次者实验成绩不及格。

2. 实验课中

(1)进入实验室后先整理个人实验台，清点、清洗各种玻璃仪器，若发现有仪器破损短缺应及时报告。

(2)严格遵守实验室安全规则、实验室仪器设备管理制度、实验室出入管理制度等相关规章制度。

(3)遵守实验室纪律，严格按照仪器的操作规程规范操作，爱护仪器；实验过程中出现异常情况或遇到问题时不要惊慌，及时告知老师，注意实验安全。

(4)仔细观察实验现象，如实记录实验数据。实验过程中如果实验结果达不到要求，要认真检查原因，必要时实验要重做。

(5)按规定的量取用药品，注意节约使用试剂。称取药品后，及时盖好原瓶盖，放在指定地方的药品不得擅自拿走，不允许用手直接接触任何药品。

(6)实验过程中保持实验室安静、实验台面整洁、实验仪器整齐。不要在实验室喧哗、打闹。

(7)对不了解的仪器设备，要事先仔细阅读有关资料，了解其使用方法，不可随意动手调节仪器设备，以免损坏仪器。凡损坏仪器设备的，应及时报告指导教师并进行登记。

(8)爱护公物。节约使用水、电、煤气和药品试剂，公用仪器及药品等应就地使用，用毕立即送回原处。如有仪器破损，应及时报告登记，并按规定赔偿。

(9)应在实验预习报告上及时记录实验条件、实验现象和实验数据，不能使用单张纸记录或记录在书本上。实验数据不能随意取舍或涂改，如有改动应在旁边备注原因。

(10)实验课程结束后，清洗所用仪器，整理实验台，打扫实验室，废纸等应倒入垃圾箱内，切勿倒入水槽，以免堵塞水槽；剧毒或腐蚀性废液应倒入指定的废液缸后统一处理。关好门、窗、水、电、气，经指导教师检查后方可离开实验室。

3. 实验课后

及时完成实验报告。实验报告是整个实验过程的一个重要环节。要求字迹整齐、内容完整、条理清晰、图表规范、步骤详略得当、实验数据正确、实验结论合理、实验讨论深入。具体内容应包括：

(1)实验名称、实验日期、实验地点、实验者姓名等；

(2)实验目的和要求；

(3)实验原理：简要介绍实验基本理论、化学反应方程式、反应的条件、影响因素、试样的处理、定性定量分析的依据、实验装置图、方法的应用范围等内容；

(4)实验试剂及仪器：注明试剂浓度、仪器型号；

(5)实验步骤：记录实验实际操作过程，可用表格、图表、方框图、流程图等形式描述，要求直接明了、详略得当、条理清晰；

(6)实验数据记录及处理：采用表格或谱图形式记录实验数据，同时附上简要的文字说明；通过计算、作图、查表等形式正确处理和分析数据并得出实验结果，计算实验偏差或误差；

(7)实验讨论：可以是对实验中出现的异常现象、实验中存在的问题、实验中的影响因素等的分析讨论，也可以是实验的收获、经验教训和改进等。

1.2 仪器分析实验常识

1.2.1 仪器分析实验室规则

化学实验室是实验教学和科学研究的场所。凡进入实验室的一切人员必须遵守实验室的各项规章制度，消除事故隐患，具体要求如下：

(1)学生进入实验室后，不准大声喧哗，不得乱抛纸屑、杂物等。

(2)学生实验前要认真预习实验内容，了解实验目的及所要使用仪器的操作要求，写出实验预习报告。进入实验室后，要检查实验桌上的各种仪器物品是否与实验要求相符，如有不符立即报告任课老师，不允许自行取用其他实验桌上的仪器物品。根据实验要求，检查仪器的完好情况，如有异常，及时报告老师。

(3)爱护仪器，在了解仪器的性能及使用方法后方能进行实验，实验时严格按照操作过程进行，未经教师许可，不准擅自动手。

(4)爱护实验仪器设备，做到经常检查、维护和保养，使仪器设备处于良好状态。在使用仪器过程中，如因违反操作规定或不爱护公物等造成仪器、工具等损坏丢失的，视情节赔偿。

(5)实验完毕后，清理并整理仪器，如有损坏和缺少报告任课教师，经老师允许后方可离开。

(6)实验室所有仪器设备都不得带出实验室，非实验人员不得进入实验室。

(7)对精密、贵重仪器和大型设备，应建立技术档案和使用记录，并由经过专门培训的指定人员负责。

(8)必须严格执行实验室安全制度，落实防火、防盗、防事故措施，发现不安全因素要及时处理，防患于未然，确保人员和财产安全。

(9)任何人在进行实验时不得抽烟、喝水和吃东西。

(10)保持实验室内卫生，努力创造良好的实验室环境。

(11)实验室的上下水管道、电源、消防器材等必须保持通畅和完好，以便随时使用。

(12)实验完毕离开实验室前必须做好清洁卫生工作，同时检查并关闭电源和水源。

(13)实验中如发生中毒、失火、爆炸等意外事故，不要惊慌，应按照安全规则及时处理，事后要查找原因并记入事故登记簿。严重的要及时上报。

1.2.2　仪器分析实验室安全守则

(1)学生实验必须在教师指导下进行操作，严格遵守操作规程。

(2)实验室供电线路的布设，必须考虑电源线路负载程度，安装电器设备要做到电流、电压与用电器的标称值相匹配。

(3)安全使用水、电。离开实验室时，应仔细检查水、电、气、门窗是否关好。使用热水器、电炉等电器时，不可直接放在可燃物上。

(4)禁止将食物和饮料带进实验室，严禁在实验室内用煤气、电炉烹调食物及取暖等。实验中注意不用手摸脸、眼等部位。一切化学药品严禁入口，实验完毕后必须洗手。

(5)易燃、易爆、剧毒药品应严格按规定存放。当大量酒精、汽油洒落在地面上时，要立即打开窗户通风，严禁室内明火。万一发生火灾，要保持镇静，立即切断电源或燃气源，并采取针对性的灭火措施。一般小火用湿布、防火布或沙子覆盖燃烧物灭火。不溶于水的有机溶剂以及能与水起反应的物质如金属钠，一旦着火，绝不能用水浇，应用沙土压或用二氧化碳灭火器灭火。如电器起火，不可用水冲，应当用四氯化碳灭火器灭火。如情况紧急应立即报警。

(6)使用气体钢瓶时严禁将氢气和氧气放在一起使用，并严格避免使用氟、氯等危险化学品。使用高压气体钢瓶(如氢气、乙炔)时，要严格按照操作规程操作，钢瓶应存放在远离明火、通风良好的地方。钢瓶在更换前应保持一部分压力。

(7)实验室烘箱不能开过夜，冰箱内不得存放易爆物品，对存放有机溶剂的冰箱，要经常打开冰箱门让气体挥发，防止易燃气体浓度凝聚引起爆炸。

(8)实验室要做好通风排气工作。有强刺激或有毒烟雾的实验必须在通风橱内进行。

(9)使用各种仪器时，要在教师讲解或自己仔细阅读并理解操作规程后，方可动手操作。

(10)备好急救药品箱，配全实验室一般伤害处理药品，实验教师要学习和掌握实验室伤害救护常识，做好急救工作。如发生烫伤和割伤应及时处理，严重者应立即送医院治疗。

(11)使用浓酸、浓碱以及其他腐蚀性试剂时，切勿溅在皮肤和衣物上。涉及浓硝酸、盐酸、硫酸、高氯酸、氨水等的操作，均应在通风橱内进行。夏天开启浓氨水、盐酸时一定先用自来水将其冲冷却，再打开瓶盖。使用汞、汞盐、砷化物、氰化物等剧毒药品时，要实行登记制度，取用时要特别小心，切勿泼洒在实验台面和地面上。禁止向水槽内倒入杂物和强酸、强碱及有毒的有机溶剂，用过的废物、废液切不可乱扔，应分别回收，集中处理。实验中的其他废物、废液也要按照环保的要求妥善处理。接触过有毒药品的手应及时清洗干净。

(12)使用易燃的有机溶剂(如乙醚、乙醇、三氯甲烷、丙酮、苯等)时，必须远离火焰和热源，使用完毕立即盖紧瓶盖，于阴凉通风处保存。用过的试剂要回收，低沸点的有机溶剂不能直接在明火或电炉上加热，应在水浴上加热。

(13)定期检查、更新实验室的消防器材，保证其完好。

1.2.3 分析仪器损坏赔偿制度

为维护分析仪器设备的完整、安全和有效使用，保证教学和科研工作的顺利进行，特制定实验仪器损坏赔偿制度。

1. 赔偿范围

(1)由于下列主观原因发生责任事故，造成仪器设备损坏、丢失的，均应赔偿：

①不听指导，不遵守操作规程，操作粗心大意而造成损失者；

②尚未掌握操作技术或尚未了解机器性能及使用方法，而轻率动用造成损失者；

③未经批准，擅自动用、拆卸、改装而造成损失者；擅自将设备带出校外，造成设备损坏或丢失者。

(2)由于下列情况，造成仪器设备损失，可酌情减轻或免予赔偿：

①按指导或操作规程进行操作，确因缺乏经验或技术不熟练造成损失者；

②一贯遵守制度，爱护仪器设备，偶尔疏忽造成损失者；

③发生事故后能积极设法挽救损失，且主动如实报告，认识较好者；

④因工作需要经常洗刷、移动易碎、易坏的低值易耗品，一学期累计造成损失在一定范围内的。

(3)由于下列客观原因，造成仪器设备损坏，经鉴定和有关负责人证实可以免予赔偿：

①因实验操作本身的特殊性引起的损坏，确实难以避免的；

②因设备本身的缺陷或使用年限已久，在正常使用时发生损坏和合理的自然损耗；

③经过批准，试用新的稀缺或较复杂的仪器设备，试行新的实验操作，虽采取了预防措施仍未能避免损失者；

④由于自然灾害或不可抗拒的意外事故造成的损失者；

⑤由于缺少必要的使用和防护条件，虽经主观努力，仍未能避免者。

2. 赔偿处理规定

(1)800 元以上的校管固定资产，主要部件遭受损坏、丢失时，按原价的 0.1% ~ 100%赔偿；损坏丢失零配件的，只计算零配件价格。

(2)500 ~800 元的低值固定资产以及 500 元以下的低值品，酌情赔偿原价的 10% ~ 100%；半消耗性的低值易耗品(如玻璃仪器、工具等)应根据学生实验的具体内容规定限额，超过限额部分按原价的 50%赔偿。

(3)局部损坏或丢失零配件而致使整机报废的，应按整机价值赔偿；损坏、丢失仪器设备的零配件，但不致造成设备报废者，只计算零配件价值。

(4)仪器设备损坏后，可按修理费的 20% ~100% 进行赔偿；仪器设备经修理修复，但质量下降，应按其质量变化程度，加重赔偿。

(5)多人造成损坏、丢失等责任事故时，分清主次，合理分担赔偿费。

(6)仪器损坏者及时上报实验教师，填写“仪器损坏赔偿单”一式两份，确认赔偿金额后，经赔偿人、实验教师和实验员签字后，一份留实验室备案，一份交学校办公室。对无故拖延不缴者，学校可采取适当的行政措施。

(7)因责任事故造成损失，除按规定赔偿外，还应对当事人进行批评教育，情节严重的予以通报或行政处分，对有意破坏者，追究法律责任。

1.3 误差与实验数据处理

1.3.1 分析化学中的误差

1.3.1.1 误差

误差是用来衡量测定结果准确度。误差的单位与测量值的单位相同，误差越小，表示测量值与真值越接近，准确度越高；反之，误差越大，准确度越低；当测量值大于真值时，误差为正值，表示测量结果偏高；反之，误差为负值，表示测定结果偏低。

1. 定义

误差是指测量值与真值之间的差值。

真值是指客观值或实际值，包括理论真值、约定真值和相对真值等。

2. 表示方法

误差有两种表示方法：

绝对误差：
$$E = x - x_T \tag{1.1}$$

相对误差：
$$E_r = \frac{E}{x_T} \times 100\% \tag{1.2}$$

3. 分类

根据误差的来源和性质，可以分为系统误差和随机误差。

(1)系统误差：系统误差又称可测误差。系统误差是由某种确定的原因造成的，具有重复性、单向性。理论上系统误差的大小、正负是可以测定的。

根据误差产生的具体原因，可将其分为下列几类：

方法误差：是由于不适当的实验设计或所选择的分析方法造成的，例如质量分析中沉淀的溶解损失、共沉淀和后沉淀。滴定分析中反应不完全，有副反应发生，存在干扰离子，滴定终点与化学计量点不一致等。

仪器和试剂误差：仪器误差来源于仪器本身不够精确，例如天平砝码质量、仪表刻度不准确的。试剂误差来源于试剂或蒸馏水不纯，例如试剂和蒸馏水中含有少量的被测组分或干扰物质。

操作误差：在进行分析测定时，由于分析人员的操作不够正确所引起的误差。例如操作前对试样的预处理不当，对沉淀的洗涤次数过多或过少。

主观误差：是由于分析人员本身的一些主观因素造成的，又称个人误差。例如在滴定分析中辨别滴定终点颜色有人偏深，有人偏浅。

(2)随机误差：随机误差也称偶然误差，它是由某些难以控制且无法避免的偶然因素造成的。例如测定过程中环境条件(温度、湿度、气压等)的微小变化、分析人员对各种试样处理时的微小差别等。

除了系统误差和随机误差外，在分析过程中往往会遇到由于疏忽或差错引起所谓的过失误差。例如读错刻度记录和计算错误，不按操作规程操作等，过失误差是一种错误，不能称为误差，因此这种结果不能纳入平均值的计算，一旦发生只能重做实验。

1.3.1.2 偏差

1. 定义

偏差是指个别测定值 x_i 与多次测定均值的偏离程度，用来衡量测定结果的精密度。

2. 表示方法

绝对偏差：
$$d = x_i - \bar{x} \tag{1.3}$$

平均偏差：
$$\bar{d} = \frac{1}{n}\sum |d_i| \tag{1.4}$$

相对平均偏差：
$$d_r = \frac{\bar{d}}{\bar{x}} \times 100\% \tag{1.5}$$

标准偏差：
$$s = \sqrt{\frac{1}{n-1}\sum_{i=1}^{n}(x_i - \bar{x})^2} = \sqrt{\frac{\sum x_i^2 - \frac{\left(\sum x_i\right)^2}{n}}{n-1}} \tag{1.6}$$

相对标准偏差(变异系数)：
$$S_r = \frac{s}{\bar{x}} \times 100\% \tag{1.7}$$

1.3.2 有效数字及其运算

1.3.2.1 有效数字

有效数字就是指在分析工作中实际上能测量到的数字，用来表示量的多少，同时反映测量准确程度。

具体来说，有效数字的位数直接影响测定的相对误差。在测量准确度的范围内，有效数字位数越多，表示测量越准确，但一旦超过了测量准确度的范围，则过多的位数是没有意义的，而且是错误的，确定有效数字位数时应遵循以下几条原则：

(1)一个量值只保留一位不确定的数字，在记录测量值时，必须记一位不确定的数字，且只能记一位。

(2)数字 0 ~9 都是有效数字，0 在仅起定小数点位置作用时不是有效数字。

(3)不能因为变换单位而改变有效数字的位数。

(4)倍数、分数都是自然数，而不是测量所得到的，因此它们的有效数字位数可以认为没有限制。

(5)pH、pM、log*K* 等对数值，其有效数字位数取决于小数部分(尾数)数字的位数，其整数部分(首数)只代表该数的方次。

1.3.2.2 有效数字的修约规则

按照国家标准采用“四舍六入五成双”规则。当测量值中被修约的数字等于或小于 4 时，该数字舍去；等于和大于等于 6 时，则进位；等于 5 时，要看 5 前面的数字，若是奇数则进位，若是偶数，则将 5 舍掉，即修约后末位数字都成为偶数；若 5 的后面还有不是零的任何数，则此时无论 5 的前面是奇数还是偶数，均要进位。

1.3.2.3 有效数字的运算规则

不同位数的几个有效数字在进行运算时所得结果应保留几位有效数字与运算的类型有关。

1. 加减法

先修约再计算。修约时，以小数点后位数最少的数据为依据，其他的数据均修约到这一位。

2. 乘除法

先修约再计算。修约时，以几个数字中有效数字位数最少的那个数字为依据，其他的数字均修约到这一位。

计算过程中，为提高计算结果的可靠性，可以暂时多保留 1 位数字。而在得到最后结果时，舍弃多余的数字，使最后计算结果恢复到与准确度相适应的有效数字。现在由于普遍使用计算器计算，虽然在计算过程中不必对每一步的计算结果进行修约，但应注意根据其准确度要求，正确保留最后计算结果的有效数字位数。在计算分析结果时，高含量(>10%)组分的测定一般要求保留 4 位有效数字；含量在 1% ~10% 的组分的测定一般要求保留 3 位有效数字；含量小于 1% 的组分的测定只要求保留 2 位有效数字。分析中的各类误差通常取 1 ~2 位有效数字。

1.3.3 平均值的置信区间

用单次测量结果(x)来估计总体平均值 μ 的范围，则 μ 被包括在区间($x \pm 1\sigma$)内的概率为68.3%，在区间$(x \pm 1.64\sigma)$内的概率为90%，在区间$(x \pm 1.96\sigma)$内的概率为95%，它的数学表达式为：

$$\mu = x \pm u\sigma \tag{1.8}$$

不同置信度的u值可查表得到。

若以样本平均值来估计总体平均值可能存在的区间，可用下式表示：

$$\mu = \bar{x} \pm \frac{u\sigma}{\sqrt{n}} \tag{1.9}$$

对于少量测量数据，必须根据t分布进行统计处理，按t的定义式可得：

$$\mu = \bar{x} \pm ts_{\bar{x}} = \bar{x} \pm t\frac{s}{\sqrt{n}} \tag{1.10}$$

上式表示在某一置信度下，以平均值$\bar{x}$为中心，包括总体平均值μ在内的可靠性范围，称为平均值的置信区间。

1.3.4 显著性检验

1.3.4.1 t检验法

1. 平均值与标准值的比较

为了检查分析数据是否存在系统误差，可对标准试样进行若干次分析，然后利用t检验法比较测定结果的平均值与标准试样的标准值之间是否存在显著性差异。进行t检验时，首先按下式计算出t值：

$$t = \frac{|\bar{x} - \mu|}{s}\sqrt{n} \tag{1.11}$$

再根据置信度和自由度由t值表查出相应的t值。若算出的$t > t_{a,f}$，则认为$\bar{x}$与μ之间存在显著性差异，说明该分析方法存在系统误差；否则可认为$\bar{x}$与μ之间的差异是由随机误差引起的正常差异，并非显著性差异。

2. 两组平均值的比较

不同分析人员、不同实验室或同一分析人员采用不同方法分析同一试样，所得到的平均值经常是不完全相等的。要从这两组数据的平均值来判断它们之间是否存在显著性差异，亦可采用t检验法。

设两组分析数据的测定次数、标准偏差及平均值分别为n_1、s_1、$\bar{x}_1$和n_2、s_2、$\bar{x}_2$，因为这种情况下两个平均值都是实验值，这时需要先用F检验法检验两组数据的精密度，即s_1和s_2之间有无显著性差异，如证明它们之间无显著性差异，则可认为$s_1 \approx s_2$，然后再用t检验法检验两组平均值有无显著性差异。

用t检验法检验两组平均值有无显著性差异时，首先要计算合并标准偏差：

$$s = \sqrt{\frac{\text{偏差平方和}}{\text{总自由度}}} = \sqrt{\frac{\sum (x_{1i} - \bar{x}_1)^2 + \sum (x_{2i} - \bar{x}_2)^2}{(n_1 - 1) + (n_2 - 1)}}$$

或

$$s = \sqrt{\frac{s_1^2(n_1-1)+s_2^2(n_2-1)}{(n_1-1)+(n_2-1)}} \tag{1.12}$$

然后计算出 t 值：

$$t = \frac{|\bar{x}_1 - \bar{x}_2|}{s}\sqrt{\frac{n_1 n_2}{n_1+n_2}} \tag{1.13}$$

在一定置信度时，查出表值 $t_{a,f}$（总自由度 $f = n_1 + n_2 - 2$），若 $t < t_{a,f}$ 时，说明两组数据的平均值不存在显著性差异，可以认为两个平均值属于同一总体，即 $\mu_1 = \mu_2$；若 $t > t_{a,f}$ 时，则存在显著性差异，说明两个平均值不属于同一总体，两组平均值之间存在着系统误差。

1.3.4.2　*F* 检验法

F 检验法是通过比较两组数据的方差 s^2，以确定它们的精密度是否有显著性差异的方法。统计量 *F* 的定义为：两组数据的方差的比值，分子为大的方差，分母为小的方差，即：

$$F = \frac{s_{大}^2}{s_{小}^2} \tag{1.14}$$

将计算所得 *F* 值与表格所列 *F* 值进行比较，在一定的置信度及自由度时，若 *F* 值大于表值，则认为这两组数据的精密度之间存在显著性差异（置信度 95%），否则不存在显著性差异。

1.3.5　可疑值取舍

在实验中，当对同一试样进行多次平行测定时，常常发现某一组测量值中有个别数据与其他数据相差较大，这一数据称为可疑值。如果确定这是由于过失造成的，则可以弃去不要，否则不能随意舍弃或保留，应该用统计检验的方法，确定该可疑值与其他数据是否来源于同一总体，以决定取舍。统计学中对可疑值的取舍有 *Q* 检验法及效果较好的格鲁布斯（Grubbs）法。

1.3.5.1　*Q* 检验法

首先将一组数据按由小到大的顺序排列为：x_1、$x_2 \cdots x_{n-1}$、x_n，若 x_{n-1} 为可疑值，则统计量 *Q* 为：

$$Q = \frac{x_n - x_{n-1}}{x_n - x_1} \tag{1.15}$$

若 x_1 为可疑值，则：

$$Q = \frac{x_2 - x_1}{x_n - x_1} \tag{1.16}$$

统计学家已计算出不同置信度时的 *Q* 值，当计算所得 *Q* 值大于表中的 *Q* 值时，则可疑值应舍去，反之则保留。

1.3.5.2　格鲁布斯法

首先将测量值按由小到大的顺序排列为：x_1、$x_2 \cdots x_n$，并求出平均值 $\bar{x}$ 和标准偏差 s，

再根据统计量 T 进行判断。若 x_1 为可疑值，则：

$$T=\frac{\bar{x}-x_1}{s} \tag{1.17}$$

若 x_n 为可疑值，则：

$$T=\frac{x_n-\bar{x}}{s} \tag{1.18}$$

计算所得 T 值与表中查得的 $T_{a,n}$(对应于某一置信度)相比较。若 $T>T_{a,n}$ 则应舍去可疑值，否则保留。格鲁布斯法最大的优点是在判断可疑值的过程中，引入了正态分布中的两个最重要的样本参数——平均值 $\bar{x}$ 和标准偏差 s，故此方法的准确性较好。此方法的缺点是需要计算 $\bar{x}$ 和 s，步骤稍麻烦。

1.3.6 实验数据的表示方法

取得实验数据后，应以简明的方法表达出来。通常有列表法、图解法和数学方程表示法三种方法，可根据具体情况选择一种表达方法。

1.3.6.1 列表法

将一组实验数据中的自变量和因变量的数值按一定形式和顺序一一对应列成表格。列表法简单易行，不需要特殊图纸(如方格纸)和仪器，形式紧凑又便于参考比较，在统一表格内，可以同时表示几个变量的变化情况。实验的原始数据一般是用列表法记录。列表时需注意以下事项：

(1)每一表格应有完全而又简明的表名，在表名不足以说明表中数据含义时，则在表名或表格下面再附加说明，如获得数据的有关实验条件、数据来源等。

(2)表格中每一横行或纵行要有名称和单位，应尽可能用符号表示。

(3)自变量的数值常取整数或其他方便的值，其间距最好均匀，按递增或递减的顺序排列。

(4)表中所列数值的有效数字位数应取舍适当；同一纵列中小数点应对齐，以便相互比较；数值为零应作“0”，数值空缺时应记“—”。

1.3.6.2 图解法

将实验数据用几何图形表示出来的方法称为图解法，它能非常直观地显示出实验数据之间的关系，以及数据中的最大值、最小值、转折点及分布周期性等，还可以发现和消除一些偶然误差。作图的步骤如下：

1. 坐标标度的选择

最常用的作图纸是直角毫米坐标纸，习惯上以横坐标表示自变量，以纵坐标表示因变量。选择坐标轴比例尺应遵循以下几个原则：

(1)能表示出全部有效数字，从图中读出的物理量的精密度应与测量的精密度一致。

(2)坐标标度应取容易读取的分度，即每单位坐标格应代表 1、2 或 5 的倍数，而不要采用 3、6、7、9 的倍数，而且应把数字标示在图纸逢 5 或逢 10 的粗线上。

(3) 如无特殊需要(如直线外推求截距)，就不一定以变量的零点作为坐标轴的原点。实际工作中常用低于最小值的某一整数值作起点，高于最大值的某一整数值作终点，使图形占满整张坐标纸。如果作的图是直线或是近于直线的曲线，则应使其斜率接近 1。

(4) 分度确定后，画出坐标轴，在轴旁注明该轴变量的名称，并在轴旁每隔一定距离注明该处变量值，以便于作图和读数。

2. 根据数据作点

把对应各组数据的点画到坐标纸上，代表某一读数的点可用○、●、×、▲、△、◎等符号标记，符号的中心所在即读数值。符号应有足够的大小，它可粗略地表示出测量误差的范围。

3. 作曲线

根据点的分布情况作一曲线，描出的线必须平滑，尽可能接近或贯穿大多数的点。并使处于平滑曲线(或直线)两边的点的数目大致相等，在曲线的极大值、极小值或转折点处应多取一些点以提高曲线所示规律的可靠性。个别远离曲线的点若是由过失所致，描线时可不考虑该点，如该点具有重现性，则描线时应予考虑，并分析其原因，考虑是否存在某些必然的规律。总之切不可随意丢弃离曲线较远的点。

1.3.6.3 数学方程表示法

仪器分析实验数据的自变量与因变量之间多成直线关系，或是经过适当变换后，表现出直线关系。许多分析方法都是利用这一特性由工作曲线查得待测组分的含量，进行定量分析。实际上由于测量误差的不可避免，所有的实验点都处在同一直线上的情况还是比较少的，特别是在测量误差比较大、实验点比较分散时，仅凭眼睛观察各实验点的分布趋势和走向，绘出合理的直线就更加困难。这时可对数据进行回归分析，以数学方程表示法描述自变量与因变量之间的关系较为妥当。

分光光度法中的浓度与吸收度，气相色谱分析中的含量与色谱峰面积(或峰高)，以及极谱分析中的浓度与波高等都成直线关系，它们的自变量只有一个。对于这样的回归分析称为一元回归，也是仪器分析方法中使用较多的方法。

(1) 平均值法：根据在一组测量中，正负偏差出现概率相等的原理，在最佳的直线上，偏差的代数和等于零。

设实验数据可归纳为直线方程：$y = ax + b$。x 为自变量，y 为因变量，a 与 b 是两个待定的常数。

将 n 对实验数据依次带入上式，可得 n 个方程。由于每个方程都含有 a 和 b 两个常数，将 n 个方程分成两组，各组方程的数目相等或相近，再将两组方程相加，则得到两个新的方程式：

$$\sum_{1}^{k} y_i = a\sum_{1}^{k} x_i + kb \tag{1.19}$$

$$\sum_{k+1}^{n} y_i = a\sum_{k+1}^{n} x_i + (n-k)b \tag{1.20}$$

(2)最小二乘法：各实验点与回归直线间都存在或正或负的偏差，但是偏差的平方和均为正值。如果各点对某一直线的偏差平方和为最小，则该直线即为最佳回归直线。

①相关关系和直线回归方程式：变量之间既有关系又无确定性关系，称为相关关系，它们之间的关系式称为回归方程式，最简单的直线回归方程式为 $y = ax + b$，式中 a，b 为常数，可根据最小二乘法求出来。

$$a = \frac{\sum xy - \sum x \cdot \sum y}{n\sum x^2 - (\sum x)^2} \tag{1.21}$$

$$b = \frac{\sum x^2 \cdot \sum y - \sum x \cdot \sum xy}{n\sum x^2 - (\sum x)^2} \tag{1.22}$$

联立并解上述两个方程式，即可求得常数 a 和 b。

②相关系数：相关系数是表示两种变量之间关系的密切程度的指标，符号 γ。

$$\gamma = \frac{\sum (x - \bar{x}) \cdot (y - \bar{y})}{\sqrt{\sum (x - \bar{x})^2 \cdot (y - \bar{y})^2}} \tag{1.23}$$

若 x 增大，y 也相应增大，x 与 y 正相关，$0 < \gamma \leqslant 1$；若 $\gamma = 1$，成完全正相关。

若 x 增大，y 相应减小，x 与 y 负相关，$-1 \leqslant \gamma < 0$；若 $\gamma = -1$，成完全负相关。

若 y 与 x 变化无关，称 x 与 y 不相关，$\gamma = 0$。

1.4　试样的采集与制备

1.4.1　试样的采集

试样的采集是指从大批物料中采取少量样本作为原始试样。原始试样再经加工处理后用于分析，其分析结果被视作反映原始物料的实际情况。因此，所采集的试样应具有高度的代表性，即采集的试样的组成能代表全部物料的平均组成，否则，后续分析工作将毫无实际意义。不同类型物料的采样方法不太一样，具体可参阅相关的国家标准方法和各行业制定的行业标准方法。

1. 固体试样

固体物料种类繁多、形态各异，物料的性质和均匀程度差别较大。其中组成不均匀的物料有矿石、煤炭、废渣、土壤等，其颗粒大小不等，硬度相差也大；组成较均匀的有谷物、金属材料、化肥、水泥等。由于固体物料的成分分布不均，因此应按一定方式选择在不同点采样，然后混合以保证所采试样的代表性。采样点的选择方法有多种，如随机地选择采样点，根据一定规则选择采样点，根据有关分析组分分布信息等，并结合一定规则选择采样点等。

一般来说，采样单元数越多，所得试样的组成就越具有代表性，但所耗人力、物力将相应增加。因此，采样应在能达到预期要求的前提下，尽可能做到节省。采样单元数与对采样准确度的要求有关。其次，采样单元数还与物料组成的均匀性和颗粒大小、分散程度有关。假设测量误差很小，分析结果与原始物料平均值的误差主要是由采样引起的，则包含物料总体平均值的区间为：

$$\mu = \bar{x} \pm \frac{ts}{\sqrt{n}} \tag{1.24}$$

式中，μ 为整批物料中某组分的平均含量；$\bar{x}$ 为所采试样中该组分的平均含量；t 为与采样单元数和置信度有关的统计量，其值可查表；s 为各个试样单元含量标准偏差的估计值；n 为采样单元数。

设 E 为分析试样中某组分平均含量和整批物料中该组分平均含量的差，即 $E = \bar{x} - \mu$，由此可得出下述公式：

$$n = \left(\frac{ts}{E}\right)^2 \tag{1.25}$$

对分析结果的准确度要求越高，即 E 越小，采样单元数就越多；物料越不均匀、分散度越大，s 就越大，要达到同样的准确度，采样单元数也需增加。若置信度要求高，则 t 值变大，采样单元数相应增多。

平均试样采集量与物料的均匀性、粒径大小、破碎难易有关。根据经验，可通过切乔特公式估算，即：

$$Q \geqslant Kd^2 \tag{1.26}$$

式中，Q(kg)为平均试样采集量的最小值；d(mm)为试样中最大颗粒直径；K 为反映物料特性的系数，因物料种类和性质不同而异，它由各部门根据经验拟定，通常为 0.05 ~ 1。

2. 液体试样

液体试样有水、饮料、油和工业溶剂等，它们一般比较均匀，因此采样单元数可以较少。对于体积较小的物料，通常可在搅匀后用瓶子或取样管采一份样用于分析。但当物料的量较大时，人为搅拌难以有效地使物料混合均匀，此时应在不同的位置和深度分别采样，以保证它的代表性。对于水样，应根据具体情况，采用相应的方法采样。如采集水管中或有泵水井中的水样，采样前需让水龙头或泵先放水 10 ~ 15min，然后再用干净试剂瓶收集水样。在采集江、河、池、湖中的水样时，首先要根据分析目的及水系的具体情况选择好采样地点，然后用采样器在不同采样点、不同深度各取一份水样，分别混合均匀后作为分析试样。对于管网中的水，一般需定时收集 24h 水样，混合后作为分析试样。

3. 气体试样

气体试样有汽车尾气、工业废气、大气、压缩气体及气溶物等。最简单的气体试样采集方法为用泵将气体充入取样容器中，一定时间后将其封好即可。但在选择容器时应注意它对微量成分的影响。由于气体储存困难，大多数气体试样采用装有吸收液、固体吸附剂或过滤器的装置收集。气体试样的化学成分通常较稳定，不需采取特别措施保存。对于用固体吸附剂和过滤器采集的试样，可通过加热脱附或用适当的溶剂溶解、洗脱后用于分析。用其他方法采集的气体试样一般也不需制备即可用于分析。

4. 生物试样

采样时应根据研究或分析需要选取适当部位和生长发育阶段进行，应注意除有群体代表性外，还应有适时性和部位典型性。采样量应根据分析项目而定，须保证试样经处理、制备后，还有足够数量以满足需要。对于植物试样，采集好后需用清洁水洗净，并及时用滤纸吸干或置干燥通风处晾干，或者用干燥箱烘干。用于鲜样分析的试样，应立即进行处理（如切细、捣碎、研磨等）和分析。当天未分析完的鲜样，应暂时置冰箱内保存。

若需进行干样分析，可先将风干或烘干后的试样粉碎，再根据分析方法的要求，分别通过40～100号的筛，然后混匀备用。处理过程中应避免所用器皿带来的污染。由于生物试样的含水量很高，若要进行干样分析，其鲜样采集量应为所需干样量的5～10倍。对于动物试样，如动物的尿液、血液、脑脊液、唾液、胃液、胆汁、乳液、粪便、指甲、骨、脏器和呼出的气体等，采集好后应根据分析项目的要求对试样进行适当处理。

1.4.2 试样的制备

分析实验中所需试样量一般为零点几克至几克，而原始试样的量一般很大，且其组成复杂，化学成分的分布常常不均匀。需对其进行加工处理，使其数量大为减少，但又能代表原始试样。通常要将其制备成100～300g供分析用的最终试样，即实验室试样。将原始固体试样处理成分析试样一般需要经过如下过程。

(1)破碎和过筛。用机械或人工方法将试样逐步破碎，一般分为粗碎、中碎和细碎等阶段。粗碎用颚式碎样机把试样粉碎至能通过4～6号筛；中碎用盘式碎样机把粗碎后的试样磨碎至能通过约20号筛；细碎用盘式碎样机进一步磨碎，必要时用研钵研磨，直至能通过所要求的筛孔为止。

(2)混合与缩分。试样每经一次破碎后，使用机械(分样器)或人工方法取出一部分有代表性的试样，继续加以破碎，这样就可使试样量逐步减少，这个过程称为缩分。常用的手工缩分方法是四分法。这种方法是将已粉碎的试样充分混合后堆成圆锥形，然后将它压成圆饼状，再在圆饼中心按“十”字形将其分为四等份，弃去任意对角的两份，将留下的一半试样收集在一起混匀。这样试样便缩减了一半，称为一次缩分。经过多次缩分后，剩余试样可减少至所需量。

1.5 试样的分解

通过适当方法将其转化成溶液的过程称为试样的分解。几种常见的分解方法有溶解法、熔融法、半熔法、干式灰化法、湿式消化法、微波辅助消解法等。

1. 溶解法

溶解法是指采用适当的溶剂将试样溶解制备成溶液，这种方法比较简单、快速。水是重要溶剂之一，碱金属盐、铵盐、无机硝酸盐及大多数碱土金属盐和一些有机物等易溶于水，因此可用水溶解。对于不溶于水的试样，可用酸、碱或混合酸等溶解。

2. 熔融法

熔融法是指将试样与酸性或碱性固体熔剂混合，在高温下让其进行反应，使待测组分转变为可溶于水或酸的化合物，如钠盐、钾盐、硫酸盐或氯化物等。不溶于水、酸和碱的无机试样一般可采用这种方法分解。熔融法分解能力强，但熔融时要加入大量熔剂(一般为试样量的6～12倍)，故会带入熔剂本身的离子和其中的杂质。此外，熔融时坩埚材料的腐蚀也会引入杂质。因此，如果试样的大部分组分可溶于酸等溶剂，则先用酸等使试样的大部分溶解，将不溶的部分过滤，然后再用较少量的熔剂进行熔融，将熔融物的溶液与溶解部分的溶液合并，制备成分析试液。

根据熔剂性质的不同，熔融法可分为酸熔法和碱熔法两种。酸熔法适合于分解碱性试样(如钛铁矿、镁砂等)，碱熔法宜用于熔融酸性试样(如酸性矿渣、酸性炉渣和酸性难溶试样)。

3. 半熔法

半熔法又称烧结法，它是在低于熔点的温度下，使试样与熔剂发生反应。与熔融法相比，半熔法的温度较低，加热时间较长，不易损坏坩埚，通常可以在瓷坩埚中进行，不需要贵金属器皿。采用熔融法和半熔法分解试样时，应注意将试样和熔剂研匀，分解后用水或酸浸取熔块，然后根据分析工作的需要，再制成分析试液。

4. 干式灰化法

干式灰化法适于分解有机和生物试样，以便测定其中的金属、硫及卤族元素的含量。该法一般是将试样放在坩埚内，先在电炉上预烧、碳化，然后转置马弗炉中燃烧(一般为400～700℃)。在分解过程中，大气中的氧起氧化剂的作用，燃烧后留下的无机残余物通常用少量浓盐酸或热的浓硝酸浸取，然后定量转移到玻璃容器中。在干式灰化时，根据需要，可加入少量的某种氧化性物质于试样中作助剂，以提高试样灰化效率。硝酸镁是常用的助剂之一。对于液态或湿的动、植物细胞组织，在进行灰化分解前应先通过蒸气浴或轻度加热的方法干燥。马弗炉应逐渐加热到所需温度，以防止着明火或起泡沫。

5. 湿式消化法

湿式消化法通常将硝酸和硫酸混合物与试样一起置于克氏烧瓶内，在一定温度下进行煮解，其中硝酸能破坏大部分有机物。在煮解过程中，硝酸被蒸发，最后剩下硫酸，当开始冒出浓厚的 SO_3 白烟时，在烧瓶内进行回流，直到溶液变得透明为止。在消化过程中，硝酸将有机物氧化为二氧化碳、水及其他挥发性产物，剩下无机酸或盐。使用体积比为3∶1∶1的硝酸、高氯酸和硫酸的混合物进行消化，能得到更好的效果。高氯酸在脱水和受热时是一种强氧化剂，能破坏微量的有机物。若加入少量的钼盐作催化剂，则这种混合酸的消化效果更佳，并能缩短消化时间。混合酸能使锌、硒、砷、铜、钴、银、镉、锑、钼、锶和铁等元素定量回收。要防止低氧化态硒的挥发性化合物的形成，必须有高氯酸存在。它能维持消化过程中的氧化状态和防止碳化。有时也使用硝酸和高氯酸的混合物进行消化。应当注意，高氯酸不能直接加入有机或生物试样中，而应先加入过量的硝酸，这样可以防止高氯酸引起爆炸。在使用高氯酸分解有机试样时，应当由有经验的分析人员进行操作。

湿式消化法的优点是速度快，缺点是有可能因加入试剂而引入杂质，因此，应尽可能使用高纯度的试剂。干式灰化法和湿式消化法所需的时间因试样的性质和分析要求不同而异，干式灰化法一般为2～4h，湿式消化法一般为0.5～1h。

6. 微波辅助消解法

微波辅助消解法是利用试样和适当的溶(熔)剂吸收微波能产生热量加热试样，同时微波产生的交变磁场使介质分子极化，极化分子在高频磁场中交替排列导致分子高速振荡，使分子获得高的能量。由于这两种作用，试样表层不断被搅动和破裂，因而迅速溶(熔)解。由于微波能是同时直接传递给溶液(或固体)中的各分子的，因此溶液(或固体)可整体快速升温，加热效率高。微波消解一般采用密闭容器，这样可以加热到较高温度和较高压力，使分解更有效，同时也可减少溶剂用量和易挥发组分的损失。这种方法可用于有机和生物试样的氧化分解，也可用于难溶无机材料的分解。

1.6 试样预处理

试样经分解后有时还需进一步处理才能用于测定。处理的方法应根据试样的组成和采用的测定方法而定，不同的分析方法和分析项目对试样的要求不一样。对试样的处理一般应考虑下述几个方面。

1. 试样的状态

根据分析方法和分析项目的要求，将试样转化成固态、水溶液、非水溶液等形式，以适于待测组分的结构、形态和含量等的测定。处理的方法有蒸发、萃取、离子交换、吸附等。一般化学分析和仪器分析在水溶液中进行；红外吸收光谱、光电子能谱表征等要求试样为固态或非水溶液。

2. 被测组分的存在形式

被测组分的氧化数、存在形式(如游离态、配位化合物、盐等)应适当。可采用适当的化学方法将其转变为所需形式。

3. 被测组分的浓度或含量

各种分析方法均有一定的适用范围，被测组分的浓度或含量应在所用分析方法的检测范围内才能保证测定结果的准确性。因此，对于含量低的组分，应采取分离、富集的方法使其含量提高；对于含量很高的组分，可适当稀释，然后再进行测定，以减少测定误差。

4. 共存物的干扰

根据共存物的干扰情况，测定前可采取化学掩蔽和沉淀、萃取、离子交换等分离方法消除干扰组分的影响。

5. 辅助试剂的选择

有时在测定前尚需向被测试样中加入一些辅助试剂，以便较好地检测被测组分，如催化剂、增敏剂、显色剂等。这些可根据相关分析手册或具体实验确定。试样的预处理方法很多，针对具体的试样应根据实验或参考资料采取相适用的方法。处理得当，不仅可简化操作手续，还可提高分析结果的准确性。因此，试样的预处理在分析工作中非常重要。

1.7 常用的分离和富集方法

1.7.1 气态分离法

液体或固体试样中被分离的组分以气体形式分离出去，有挥发、升华、蒸馏等方法。

1. 挥发

挥发是固体或液体全部或部分转化为气体的过程。具有气态新化合物的生成及挥发，称为化学挥发法。该法可以通过测定放出的气体或剩余残渣的量进行组分的测定，也可以消除基体干扰。挥发不包括蒸发和升华，蒸发和升华是液体和固体直接变成气体，无化学反应和新物质形成。

2. 升华

固体物质不经过液态就变成气态的过程称为升华。在物质的熔点以下，其蒸气压达到大气压，该物质将升华。

3. 蒸馏

在分析化学中，有时利用蒸馏分离出被测定组分，排除共存物质的干扰。蒸馏的原理基于气－液平衡，在一定温度下，使较易挥发的组分从固体或液体中变为气体被分离富集。蒸气相的富集程度随不同组分的相对蒸气压的大小而定。蒸馏装置和技术的应用可以分离出较纯净组分。蒸馏技术分为常压蒸馏、水蒸气蒸馏、减压和真空蒸馏、共沸蒸馏、萃取蒸馏等。

1.7.2 沉淀分离法

沉淀分离法是在试液中加入适宜的沉淀剂，使被测组分沉淀，或将共存组分沉淀，过滤，从而达到分离的目的。该方法包括试样基体沉淀分离和痕量组分及杂质共沉淀分离两类。

被沉淀物质一般可分为常量组分和微量组分。常量组分采用基体沉淀分离。对于无机阳离子，可使其形成氢氧化物、硫化物、卤化物、硫酸盐、磷酸盐、碳酸盐等无机物沉淀或一些有机试剂的沉淀物。对于微量甚至痕量组分的沉淀可采用共沉淀法，共沉淀法又称载体沉淀法或共沉淀捕集法，共沉淀捕集法是于试液中加入适当沉淀剂，生成一种适当沉淀(载体沉淀)，使待测组分与之共同沉淀而被富集分离。

蛋白质从溶液中以固体状态析出的现象称为蛋白质的沉淀，其沉淀机理主要是破坏了水化膜或中和了蛋白质所带的电荷。沉淀出来的蛋白质根据实验条件可以是变性或不变性的。沉淀方法主要有盐诱导沉淀蛋白质、重金属盐沉淀蛋白质、酸沉淀蛋白质、有机溶剂沉淀蛋白质。

1.7.3 萃取分离法

1. *液-液萃取分离法*

液-液萃取是将与水不相混溶的有机溶剂与含有被分离组分的试液一起振荡，被分离组分进入有机相而与其他组分分离，又叫溶剂萃取。液-液萃取常常是用有机溶剂从水溶液中萃取被分离组分，或者是反萃取，即用水溶液从有机相中萃取被分离组分。

2. *固相萃取和固相微萃取分离法*

固相萃取始于1978年，是非溶剂型萃取分离技术，它实际是一个待分离物质的吸附-洗脱过程。固相萃取柱一般为开口，直径1cm，柱长约7.5cm，内装分离载体，多为硅氧基烷。

固相微萃取技术始于1992年，由加拿大的Janusz Pawliszyn发明，为非溶剂型萃取法。它集试样预处理和进样于一体，将待测组分富集并与干扰组分分离后，与多种分析方法相结合进行测定，特别适用于有机物的分析测定。其中直接固相微萃取分离法是将涂有高分子固相液膜的石英纤维直接插入试样溶液(或气样)中，对待分离物质进行萃取，经过一定时间在固相涂层和水溶液两相中达到分配平衡，即可取出进行色谱分析。顶空固相微萃取分离法是将涂有高分子固相液膜的石英纤维置于靠近试样溶液液面上空，进行顶空萃取，常要达到固相、气相和液相的三相分配平衡。由于萃取层不接触试液，避免了基体干扰。该法多用于气相色谱分析。

3. *超临界流体萃取*

超临界流体萃取是用超临界流体作为萃取溶剂进行萃取分离的方法，萃取溶剂是超临界条件下的气体，可认为是气-固萃取。超临界流体常温常压下为气体，在超临界条件下为液体。超临界流体密度较大，与溶质分子作用力类似液体。另外超临界流体黏度低，类似气体，表面张力接近零，比许多液体更容易渗透固体颗粒，传质速率高，使萃取过程快速、高效。萃取完全后，简单地降低压力就可以使超临界流体萃取溶剂成为气体而从萃取物中除去。

4. *单滴微萃取*

单滴微萃取具有简单、经济、高效、极少污染、快速等特点。Liu和Dasgupta最早提出单滴微萃取技术，采用与水不混溶的有机溶剂微滴，悬浮在一较大试样水溶液液滴中，外滴是含有被分析物与十二烷基硫酸钠(SDS)离子对的水相，在被分析物萃取转移到有机液滴后，用一定装置将有机液滴外的水相取代为纯水，用光二极管光吸收检测器检测有机液滴的光吸收信号。完成检测后，用泵将有机相移去，再进行下一分析检测循环。

5. *微波萃取分离法*

微波萃取分离法是利用微波能强化溶剂萃取，使固体或半固体试样中的某些有机组分与基体有效分离，并能保持分析对象的原本化合物状态。微波萃取分离法包括试样粉碎、与溶剂混合、微波辐射、萃取液的分离等步骤。萃取过程一般在特定的密闭容器中进行。由于微波能的作用，体系的温度和压力升高。因微波能是内部均匀加热，热效率高，故萃取速度快。对温度、压力、时间等实行自动控制，使萃取分离过程中的有机物不分解，有利于萃取不稳定的物质。微波萃取分离法除具有快速、节能、节省溶剂、污染小、设备简单廉价等优点外，特别适合大量试样的快速萃取分离和同时处理多份试样，适应面宽，较少受被萃取物极性的限制。

1.7.4 离子交换分离法

离子交换分离法是利用离子交换剂与溶液中的离子发生交换反应进行分离的方法。这种方法分离效果好，不仅可以分离带相反电荷的离子，而且可以分离带有相同电荷的离子，广泛应用于微量组分的富集和高纯物质的制备等。其缺点是操作麻烦、周期长，所以分析化学中只用它解决某些比较困难的分离问题。

1.7.5 色谱分离法

色谱分离法简称色谱法，也称层析法和色层法。色谱法基于被分离物质分子在两相(一为固定相，一为流动相)中分配系数的微小差别进行分离，是一种多级分离技术。当两相作相对移动时，被测物质在两相之间进行反复多次分配，使原来微小的分配差异进一步扩大，使各组分分离。这一分离方法分离效率高，能将各种性质极相似的物质彼此分离。

1.7.6 电泳分离法

电泳分离法是在电场作用下，基于物质在溶液中的电化学性质的差异而进行分离的一种重要的分离方法。在电场作用下，电解质中带电粒子以不同的速率向正极或负极方向迁移的现象称为电泳(Electrophoresis)。利用这一现象对化学或生物物质进行分离分析的技术称为电泳技术。电泳分离法的依据是带电粒子在迁移率(单位电场强度下离子的运动速度)上的差别。

1.7.7 气浮分离法

气浮分离法最早用于选矿，1959 年开始用于分析化学中各种离子的分离、富集。在 20 世纪 80 年代，我国大量研究了它在微量元素的富集分离中的应用。

按分离对象和分离手段来划分，气浮分离法可分为离子气浮分离法、沉淀气浮分离法和溶剂气浮分离法三大类，都采用气泡富集分离原理，即在一定条件下，溶液中被分离的离子形成配离子或生成沉淀后，加入适宜的表面活性剂和通入适量气体，形成电中性物质的待分离组分吸附或黏附在生成的大量微小气泡表面浮升到液面，进而聚集成泡沫与母液分离或溶于有机溶剂被分离富集。

1.7.8 膜分离法

膜分离法是一种高效、经济、简便的分离技术。用天然或人工合成的薄层凝聚物——薄膜，以外界能量或化学位差(浓度差、温度差、压力差和电位差)为驱动力，对两组分以上的溶质和溶剂进行分离、富集、提纯。膜可以是全透性或半透性的，也可以是固态、液态或气态的。膜本身为一相，有两个界面，与所隔开的物质接触，但不互溶。膜分离法通常按方法的驱动力进行分类：根据浓度差有渗透法、液膜法、渗透蒸发法等；根据压力差有反渗透法、超过滤法、微滤法等；根据电位差有电渗析法。

1.8 仪器分析实验专业术语

1. 灵敏度

灵敏度(Sensitivity)是指某分析方法对单位浓度或单位量待测物质变化所产生的响应量的变化程度。它可以用仪器的响应量或其他指示量与对应的待测物质的浓度或量之比来描述。如分光光度法常以校准曲线的斜率度量灵敏度。一个分析方法的灵敏度可因实验条件的变化而改变。在一定的实验条件下，灵敏度具有相对的稳定性。

通常，校准曲线可以将仪器响应值与待测物质的浓度定量地联系起来，用下式表示它的直线部分：

$$s = kc + a \tag{1.27}$$

式中，s 为仪器响应值；k 为方法的灵敏度，即校准曲线的斜率；c 为待测物质的浓度；a 为校准曲线的截距。

2. 检出限

检出限为某特定分析方法在给定的置信度内可从试样中检出待测物质的最小浓度或最小量。所谓“检出”是指定性检出，即判定试样中存有浓度高于空白的待测物质。检出限除了与分析中所用试剂和水的空白有关外，还与仪器的稳定性及噪声水平有关。灵敏度和检出限是两个从不同角度表示检测器对测定物质敏感程度的指标，前者越高、后者越低，说明检测器性能越好。检出限有仪器检出限和方法检出限两类。

(1)仪器检出限：指产生的信号比仪器噪声大 3 倍的待测物质的浓度，但不同仪器的仪器检出限定义有所差别。

(2)方法检出限：指当用一完整的方法，在 99% 置信度内，产生的信号不同于空白时被测物质的浓度。

3. 空白值

所谓空白值就是除了不加试样外，按照试样分析的操作手续和条件进行实验得到的分析结果。空白值全面地反映了分析实验室和分析人员的水平。当试样中待测物质与空白值处于同一数量级时，空白值的大小及其波动性对试样中待测物质分析的准确度影响很大，直接关系到报出测定下限的可信程度。以引入杂质为主的空白值，其大小与波动无直接关系；以污染为主的空白值，其大小与波动的关系密切。

4. 测定限

测定限为定量范围的两端，分别为测定上限与测定下限。在测定误差能满足预定要求的前提下，用特定方法能准确地定量测定待测物质的最小浓度或量，称为该方法的测定下限。测定下限反映出分析方法能准确地定量测定低浓度水平待测物质的极限可能性。在没有(或消除了)系统误差的前提下，它受精密度要求的限制。分析方法的精密度要求越高，测定下限高于检出限越多。有人建议以3.3倍检出限浓度作为测定下限，其测定值的相对标准偏差约为10%。在测定误差能满足预定要求的前提下，用特定方法能够准确地定量测定待测物质的最大浓度或量，称为该方法的测定上限。对没有(或消除了)系统误差的特定分析方法的精密度要求不同，测定上限也将不同。

5. 最佳测定范围

最佳测定范围也称有效测定范围，指在测定误差能满足预定要求的前提下，特定方法的测定下限至测定上限之间的浓度范围。在此范围内能够准确地定量测定待测物质的浓度或量。最佳测定范围应小于方法的适用范围。对测量结果的精密度要求越高，相应最佳测定范围越小(图1.1)。

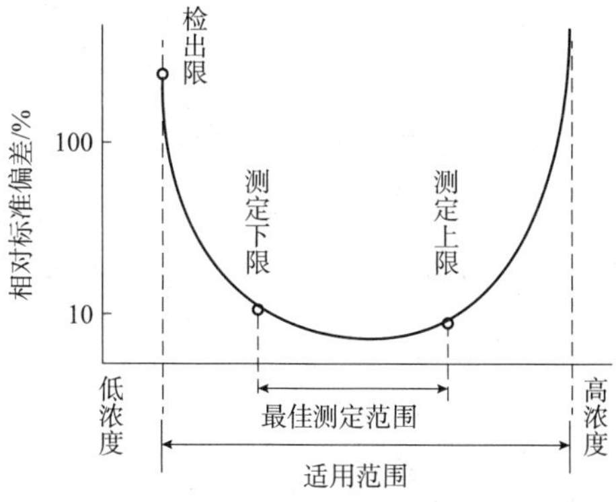

图1.1 分析方法特性关系

6. 校准曲线

校准曲线(Calibration Crve)是描述待测物质浓度或量与相应的测量仪器响应或其他指示量之间的定量关系曲线。校准曲线包括标准曲线和工作曲线，前者用标准溶液系列直接测量，没有经过试样的预处理过程，这对于基体复杂的试样往往造成较大误差；而后者所使用的标准溶液经过了与试样相同的消解、净化、测量等全过程。凡应用校准曲线的分析方法，都是在试样测得信号值后，从校准曲线上查得其含量(或浓度)。因此，绘制准确的校准曲线，直接影响到试样分析结果的准确性。此外，校准曲线也确定了方法的测定范围。

7. 加标回收率

在测定试样的同时，于同一试样的子样中加入一定量的标准物质进行测定，将其测定结果扣除试样的测定值，计算回收率。这种加标回收率可以反映分析结果的准确度。当按照平行加标进行回收率测定时，所得结果既可以反映分析结果的准确度，也可判断其精密度。

在实际测定过程中，有时将标准溶液加入经过处理后的待测试样溶液中，这是不对的，它不能反映预处理过程中的污染或损失情况，虽然回收率较好，但不能完全说明数据准确。

8. 干扰实验

干扰实验是针对实际试样中可能存在的共存物，检验其是否对测定有干扰，并了解共存物的最大允许浓度。干扰可能导致正或负的系统误差，与待测物浓度和共存物浓度大小有关。因此，干扰实验应选择两个(或多个)待测物浓度值和不同水平的共存物浓度的溶液进行实验测定。

第 2 章　紫外－可见吸收光谱法

2.1　概述

紫外－可见吸收光谱法(Ultraviolet－Visible Absorption Spectrometry)是根据溶液中物质的分子或离子对紫外和可见光谱区辐射能的吸收来研究物质的组成和结构的方法。

紫外－可见吸收光谱法通常是指研究 200～780nm 光谱区域内物质对光辐射吸收的一种方法。紫外光是波长 10～380nm 的电磁辐射，它可分为远紫外光(10～200nm)和近紫外光(200～380nm)。通常紫外－可见吸收光谱法采用近紫外光。可见光区则是指其电磁辐射能被人的眼睛所感觉到的区域，即波长为 400～780nm 的光谱区。

紫外吸收光谱法和可见吸收光谱法在基本原理及仪器构造方面基本相似，由于工作波段的不同导致所用仪器部件和分析对象的差异。紫外吸收光谱法不仅可用于无机化合物的分析，更重要的是许多有机化合物在紫外光区具有特征的吸收光谱，从而可以用来进行有机物的鉴定及结构分析。

紫外－可见吸收光谱法是一类历史悠久、应用十分广泛的分析方法，具有灵敏度高、选择性好、通用性强、设备和操作简单、价格低廉、分析速度快、准确度较好等优点。

2.2　紫外－可见吸收光谱法原理

可见吸收光谱法是利用物质的分子对光的选择性吸收进行定量测定的分析方法。即当一定波长的单色光照射有色物质溶液时，由于有色物质分子吸收一部分光能使透射光的强度减弱，记录照射前后光强度随波长的变化情况，即可得到该物质的吸收光谱。因为各种物质分子的组成和结构的差异，它们的吸收光谱也不同。

紫外吸收光谱法是基于分子中价电子(即 σ 电子、π 电子、杂原子上未成键的孤对 n 电子)吸收一定波长范围的紫外光而产生的分子吸收光谱，该光谱决定于分子的组成结构和分子中价电子的分布。因此分子吸收光谱具有物质分子本身的特征性质，利用这种性质可对物质进行定性分析。

分光光度法定量分析的理论依据是朗伯－比尔定律。即当一束单色光(I_0)照射溶液时，一部分光(I_t)通过溶液，而另一部分光则被溶液吸收。这种吸收是与溶液中物质的浓度(c)和液层的厚度(b)成正比的。它的数学表达式如式(2.1)：

$$A = \lg \frac{I_0}{I_t} = Kbc \tag{2.1}$$

式中，K 为吸光系数，与入射光的波长、物质的性质和溶液的温度等因素有关，$L \cdot mol^{-1} \cdot cm^{-1}$；$A$ 为吸光度；c 为溶液的浓度，$mol \cdot L^{-1}$；b 为吸收层的厚度，cm。

2.2.1 紫外光谱图中常见的几种吸收带及光谱术语

1. R 吸收带

由 $n \rightarrow \pi^*$ 跃迁引起的吸收带，如 C═O、—NO_2、—CHO。其特点 $\varepsilon_{max} < 100$，λ_{max} 一般在 270nm 以上。

2. K 吸收带

由 $\pi \rightarrow \pi^*$ 跃迁引起的吸收带，如共轭双键。特点 $\varepsilon_{max} > 10000$。共轭双键增加 λ_{max} 向长波方向移动，ε_{max} 随之增大。

3. B 吸收带

由苯的 $\pi \rightarrow \pi^*$ 跃迁引起的特征吸收带，其波长在 230 ~ 270nm，中心在 254nm，ε_{max} 约为 204。

4. E 吸收带

也属于 $\pi \rightarrow \pi^*$ 跃迁。可分为 E_1 和 E_2 带，两者可以分别看成是苯环中的乙烯键及共轭乙烯键所引起的。苯的 E_1 为 180nm，$\varepsilon_{max} > 10000$；$E_2$ 为 200nm，$2000 < \varepsilon_{max} < 14000$。

5. 生色团

共价键不饱和原子基团，能引起电子光谱特征吸收，一般为带 π 电子的基团。如：C—C、C—O、C—N 等。

6. 助色团

饱和原子基团，本身在 200nm 以上没有吸收，但当它与发色基团连接时，可使发色基团的最大吸收峰向长波方向移动，并且使强度增加。

2.2.2 电子跃迁类型

紫外 - 可见吸收光谱的基本原理是在光的照射下待测样品内部的电子跃迁。

1. $\sigma \rightarrow \sigma^*$ 跃迁和 $n \rightarrow \sigma^*$ 跃迁

$\sigma \rightarrow \sigma^*$ 跃迁指处于成键轨道上的 σ 电子吸收光子后被激发跃迁到 σ^* 反键轨道，所需能量很大，不同物质具有不同的分子结构，对不同波长的光会产生选择性吸收，因而具有不同的吸收光谱。

$n \rightarrow \sigma^*$ 指分子中处于非键轨道上的 n 电子吸收能量后向 σ^* 反键轨道的跃迁，一般相当于 150 ~ 250nm 区域的辐射能，其中大多数吸收峰出现在低于 200nm 的真空紫外区。此能量相当于真空紫外区的辐射能。

2. $\pi \to \pi^*$跃迁和$n \to \pi^*$跃迁

$\pi \to \pi^*$跃迁指不饱和键中的π电子吸收能量后跃迁到π^*反键轨道。$n \to \pi^*$跃迁指分子中处于非键轨道上的n电子吸收能量后向π^*反键轨道的跃迁。n电子和π电子比较容易激发，π^*轨道的能量比较低，所以由这两类跃迁所产生的吸收峰波长一般都大于200nm，有机化合物的紫外-可见吸收光谱法的分析就是以这两种跃迁为基础(图2.1)。

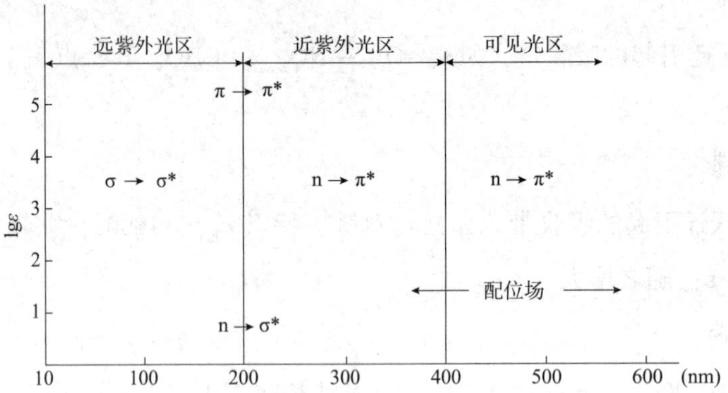

图2.1 电子跃迁所处的波长范围

特殊的结构就会有特殊的电子跃迁，对应着不同的能量(波长)，反映在紫外-可见吸收光谱图上就有一定位置、一定强度的吸收峰，根据吸收峰的位置和强度就可以推知待测样品的结构信息。

2.3 实验部分

2.3.1 邻二氮菲分光光度法测定微量铁的含量

2.3.1.1 实验目的

(1)掌握分光光度法的基本原理。

(2)了解分光光度计的工作原理、光学原理及正确操作方法。

(3)学习标准系列溶液、样品溶液的配制方法。

(4)掌握吸收曲线和标准曲线的绘制方法，以及实验数据的处理方法。

2.3.1.2 实验原理

显色前：用盐酸羟胺将Fe^{3+}还原为Fe^{2+}。反应如下：

$$2Fe^{3+} + 2NH_2OH \cdot HCl = 2Fe^{2+} + N_2\uparrow + 2H_2O + 4H^+ + 2Cl^-$$

显色：Fe^{2+}与邻二氮菲反应生成橘红色络合物，反应如下：

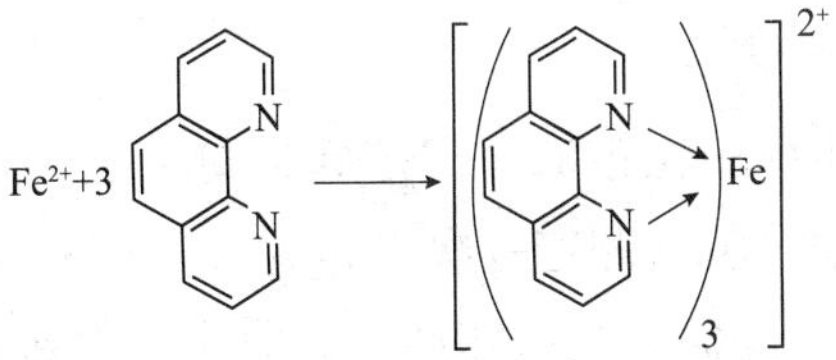

此橘红色络合物为邻二氮菲铁，其稳定性较好，$\lg K_{稳}=21.3$(20℃)，摩尔吸光系数 $\varepsilon_{510}=1.1\times10^4 L\cdot cm^{-1}\cdot mol^{-1}$。

显色酸度范围为 pH = 2 ~ 9。酸度高，反应进行慢；酸度低，Fe^{2+}水解。通常在HAc - NaAc 缓冲介质中测定。

邻二氮菲与 Fe^{2+} 的反应选择性很高，相当于含铁 5 倍的 Co^{2+}、Cu^{2+}，20 倍的 Cr^{3+}、Mn^{2+}、PO_4^{3-}，40 倍的 Al^{3+}、Ca^{2+}、Mg^{2+}、SiO_3^{2-}、Sn^{2+}、Zn^{2+}都不干扰测定。

此方法可以测量 $10^{-5}\%\sim10^{-4}\%$ 的痕量组分，相对误差为 5% ~10% 或 2% ~5% 。

首先，绘制待测物质在不同波长下摩尔的吸收曲线，找出待测物质的最大吸收波长，在此波长下摩尔吸光系数最大，测定的灵敏度最高。其次，采用标准曲线法定量测定铁的含量，即先配制一系列不同浓度的邻二氮菲铁标准溶液，在选定的反应条件下使被测物质显色，测得相应的吸光度，以浓度为横坐标、吸光度为纵坐标绘制标准曲线，由标准曲线得到待测物质的含量。

2.3.1.3 实验仪器及试剂

1. 实验仪器

分光光度计，50mL 容量瓶，10mL、5mL、2mL、1mL 吸量管，烧杯，滴管，擦镜纸，滤纸等。

2. 实验试剂

Fe^{2+}标准储备溶液(1000μg · mL^{-1})；Fe^{2+}标准工作溶液(10μg · mL^{-1})：准确移取 Fe^{2+}标准储备溶液稀释 100 倍；0.15% 邻二氮菲水溶液；10% 盐酸羟胺水溶液；HAc - NaAc(pH = 4.6)缓冲溶液。

2.3.1.4 实验步骤

1. Fe^{2+}标准系列溶液的配制

分别准确移取 10μg · mL^{-1} Fe^{2+}标准工作溶液 0、2.00mL、4.00mL、6.00mL、8.00mL、10.00mL 于 6 个 50mL 容量瓶中，再依次各加入 10% 盐酸羟胺 1.00mL，摇匀；0.15% 邻二氮菲 2.00mL 和 pH = 4.6 的 HAc - NaAc 缓冲溶液 5mL，用去离子水定容、摇匀，备测。

2. 样品溶液的配制

可选择测定的样品有固体样品(石灰石、食用铁盐)和液体试样(工业 HCl、工业 H_3PO_4)。样品经预处理后，配制邻二氮菲铁溶液，方法同标准溶液配制。

3. 测量

打开分光光度计，预热。设置测量参数，详见“2.4.2 N_2S 型分光光度计”。

4. 邻二氮菲铁吸收曲线的绘制

以空白试剂为参比，用1cm 比色皿，测定邻二氮菲铁溶液（2.0μg · mL^{-1}）在 440 ~ 600nm 范围内的吸光度，每隔10nm 测定一次吸光度 A。在最大吸收峰附近(500 ~520nm)，每隔 2nm 测定一次吸光度 A。绘制邻二氮菲铁吸收曲线，找到最大吸收波长 λ_{max}。

5. 邻二氮菲铁标准曲线的绘制

以空白试剂为参比，用1cm 比色皿，在最大吸收波长 λ_{max} 下，分别测定不同浓度邻二氮菲铁标准溶液的吸光度 A，记录数据，绘制邻二氮菲铁标准曲线，得到回归方程和相关系数。

6. 样品溶液中 Fe^{2+} 浓度的测定

在最大吸收波长 λ_{max} 下，测定样品溶液吸光度 A，记录数据，求算样品溶液中铁的含量。平行测定3次。

2.3.1.5 实验数据记录与处理

1. 邻二氮菲铁吸收曲线的绘制

根据表2.1 绘制吸收曲线，在吸收曲线图上找到 λ_{max}。

表2.1 不同波长下邻二氮菲铁的吸光度

λ/nm	440	450	460	480	500	502	504	506	508
A									
λ/nm	510	512	514	516	518	520	530	540	550
A									
λ/nm	560	570	580	590	600				
A									

2. 邻二氮菲铁标准曲线的绘制

根据表2.2 绘制标准曲线，由标准曲线得到回归方程和相关系数，并求得样品中铁的含量。

表2.2 不同浓度下邻二氮菲铁的吸光度

Fe^{2+} 标准溶液浓度/μg · mL^{-1}	0.8	1.6	2.4	3.2	4
A					

3. 样品溶液中铁含量的计算

测定次数	1	2	3
A			
铁的含量/μg · mL^{-1}			

续表

铁的平均含量/μg·mL^{-1}	
相对平均偏差	

回归方程为____________________，相关系数 $r=$__________。

2.3.1.6 思考题

(1)参比溶液的作用是什么?

(2)朗伯-比尔定律的物理意义?

(3)什么是吸收曲线?什么是标准曲线?

(4)加入盐酸羟胺的作用是什么?

(5)影响显色反应的因素有哪些?如何选择合适的显色条件?

(6)计算邻二氮菲铁的摩尔吸光系数。

2.3.1.7 实验注意事项

(1)使用分光光度计时，必须仔细阅读仪器使用说明，并在教师的指导下操作。不要擅自按动键盘当中的各功能键。

(2)注意控制实验条件，例如酸度、反应时间等。

(3)注意试剂加入顺序和加入量。

2.3.2 紫外-可见吸收光谱法测定维生素 B_{12}的含量

2.3.2.1 实验目的

(1)掌握紫外-可见分光光度计的工作原理、光学原理及使用方法。

(2)掌握紫外-可见吸收光谱法定性分析和定量分析的方法。

2.3.2.2 实验原理

紫外-可见吸收光谱法是利用物质的分子对光的选择性吸收进行定量测定的分析方法。即当一定波长的单色光照射有色物质溶液时，由于有色物质分子吸收一部分光能使透射光的强度减弱，记录照射前后光强度随波长的变化情况，即可得到该物质的吸收光谱。因为各种物质分子的组成和结构的差异，它们的吸收光谱也不同。物质的紫外吸收光谱是物质分子中生色团和助色团的特征表现，例如具有共轭双键化合物、芳香烃化合物在紫外区都有强烈吸收。

维生素 B_{12}是含 Co^{2+} 的有机化合物，分子量为 1355.38。化学式为 $C_{63}H_{88}CoO_{14}N_{14}P$。维生素 B_{12}注射液为粉红色的液体，结构如下：

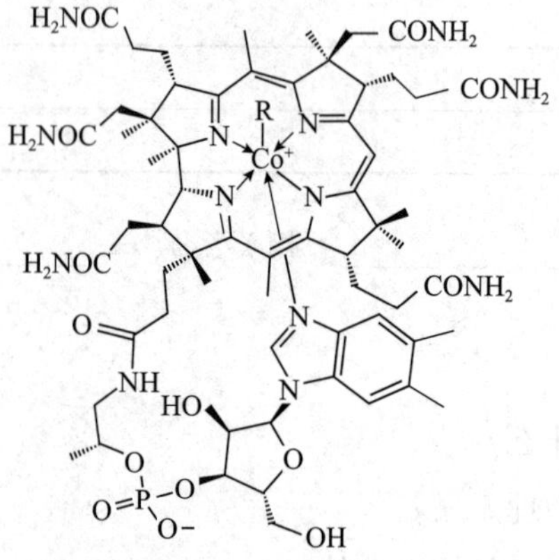

R = 5′-deoxyadenosyl，CH_3，OH，CN

维生素 B_{12}在可见光区 550nm 处有吸收，维生素 B_{12}中苯环等含有共轭双键，具有吸收紫外光的性质，在 278nm 和 361nm 处有最大吸收。

2.3.2.3　实验仪器及试剂

紫外 - 可见分光光度计；10mL 容量瓶，5mL、1mL 吸量管各 1 支，烧杯、滴管等。

维生素 B_{12} 注射液（样品）：500μg · mL^{-1}（医用）；维生素 B_{12}（标准溶液）：50μg · mL^{-1}。

2.3.2.4　实验步骤

（1）维生素 B_{12}标准系列溶液的配制：分别准确移取 50μg · mL^{-1}维生素 B_{12}标准溶液 1.00mL、2.00mL、3.00mL、4.00mL、5.00mL、6.00mL 于 10mL 容量瓶中，用去离子水定容、摇匀，备测。

（2）维生素 B_{12}样品溶液的配制：准确移取维生素 B_{12}注射液样品溶液 0.50mL 于 10mL 容量瓶中，用去离子水定容、摇匀，备测。

（3）打开紫外 - 可见分光光度计，预热，设置测量参数，详见“2.4.3　UV2800 型紫外 - 可见分光光度计”。

（4）波长扫描：测量维生素 B_{12}样品溶液在 200 ~ 600nm 范围内的吸收光谱曲线。

（5）光度测量：测量维生素 B_{12}样品溶液在 278nm、361nm、550nm 处的 A。

（6）定量分析：测量维生素 B_{12}标准系列溶液在 361nm 的 A。

（7）定量分析：测量维生素 B_{12}样品溶液浓度在 361nm 的 A。

（8）打印谱图和数据。

（9）返回主菜单，关闭仪器，清洗比色皿。

2.3.2.5　实验数据记录与处理

1. 定性分析

维生素 B_{12}有______个吸收峰，分别位于________、________和________，最大吸收

峰与相邻吸收峰的比值：

$\frac{A_{361}}{A_{278}}=$__________；$\frac{A_{361}}{A_{550}}=$__________。

2. 定量分析

(1)标准比较法：

根据朗伯－比尔定律：$A=Kbc$

维生素 B_{12}在 361nm 的百分吸光系数为$E_{1cm}^{1\%}$为 207。

用标准比较法计算：$c_{样}=48.31\times A_{样}=$__________

维生素 B_{12}含量 $=c_{样}\times$稀释倍数 =__________

样品标示量(标准)＝500μg · mL^{-1}

对照样品标示量% ＝维生素 B_{12}含量/样品标示量(标准)×100% =__________

对照样品标示量____(是/否)在 90% ~110% 范围内。

(2)标准曲线法：

维生素 B_{12}标准溶液浓度/μg · mL^{-1}	5	10	15	20	25	30
A						

3. 样品溶液中维生素 B_{12}含量的计算

测定次数	1	2	3
A			
维生素 B_{12}的含量/μg · mL^{-1}			
维生素 B_{12}的平均含量/μg · mL^{-1}			
相对平均偏差			

2.3.2.6 思考题

(1)在紫外－可见吸收光谱法中可否用去离子水作参比？

(2)紫外吸收光谱法适用于什么样品的分析？

(3)维生素 B_{12}注射液含量测定时，如果取注射液 2mL，稀释 30 倍后，在 361nm 测得 A 值为 0.698，试计算此注射液每毫升含维生素 B_{12}多少微克？

2.3.2.7 实验注意事项

使用紫外－可见分光光度计时，必须仔细阅读仪器使用说明，并在教师的指导下操作，不要擅自按动键盘当中的各功能键。

2.3.3 有机化合物的紫外－可见吸收光谱及溶剂效应

2.3.3.1 实验目的

(1)了解紫外－可见吸收光谱法的原理及应用范围。

(2)了解紫外－可见分光光度计的基本构造及设计原理。

(3)了解苯及其衍生物的紫外吸收光谱及鉴定方法。

(4)观察溶剂对吸收光谱的影响。

2.3.3.2 实验原理

紫外－可见吸收光谱是由于分子中价电子的跃迁而产生的，这种吸收光谱取决于分子中价电子的分布和结合情况。分子内部的运动分为价电子运动、分子内原子在平衡位置附近的振动和分子绕其重心的转动。因此分子具有电子能级、振动能级和转动能级。通常电子能级间隔为1～20eV，这一能量符合紫外与可见光区。每一个电子能级之间的跃迁，都伴随着分子的振动能级和转动能级的变化，因此，电子跃迁的吸收线就变成了含有分子振动和转动精细结构的较宽的谱带。

芳香族化合物的紫外光谱的特点是有由 $\pi \to \pi^*$ 跃迁产生的3个特征吸收带。例如，苯在184nm附近有一个强吸收带，$\varepsilon = 68000$；在204nm处有一较弱的吸收带，$\varepsilon = 8800$；在254nm附近有一个弱吸收带，$\varepsilon = 250$。当苯处在气态时，这个吸收带具有很好的精细结构。当苯环上带有取代基时，则强烈地影响苯的3个特征吸收带。

2.3.3.3 实验仪器与试剂

紫外－可见分光光度计；比色管(带塞)：5mL 10支，10mL 3支；移液管：1mL 6支，0.1mL 2支。

苯、乙醇、环己烷、正己烷、氯仿、丁酮；HCl(0.1mol·L^{-1})；NaOH(0.1mol·L^{-1})；苯的环己烷溶液(1∶250)；甲苯的环己烷溶液(1∶250)；苯的环己烷溶液(0.3g·L^{-1})；苯甲酸的环己烷溶液(0.8g·L^{-1})；苯酚的水溶液(0.4g·L^{-1})。

2.3.3.4 实验步骤

1. 取代基对苯吸收光谱的影响

在4个5mL带塞比色管中，分别加入0.5mL苯、甲苯、苯酚、苯甲酸的环己烷溶液，用环己烷溶液稀释至刻度，摇匀。用带盖的石英吸收池，环己烷作参比溶液，在紫外光区进行波长扫描，得出4种溶液的吸收光谱。

2. 溶剂对紫外吸收光谱的影响

溶剂极性对 $n \to \pi^*$ 跃迁的影响：在3个5mL带塞比色管中，分别加入0.02mL丁酮，然后分别用水、乙醇、氯仿稀释至刻度，摇匀。用1cm 石英吸收池，以各自的溶剂作参比溶液，在紫外光区作波长扫描，得到3 种溶液的紫外吸收光谱。

3. 溶液的酸碱性对苯酚吸收光谱的影响

在2 个5mL 带塞比色管中，各加入苯酚的水溶液0.5mL，分别用 HCl 和 NaOH 溶液稀释至刻度，摇匀。用石英吸收池，以水作参比溶液，绘制两种溶液的紫外吸收光谱。

2.3.3.5 实验数据的记录与处理

(1)比较苯、甲苯、苯酚和苯甲酸的吸收光谱，计算各取代基使苯的最大吸收波长红移了多少纳米，解释原因。

(2)比较溶剂和溶液酸碱性对吸收光谱的影响。

2.3.3.6 思考题

(1)本实验中需要注意的事项有哪些?

(2)为什么溶剂极性增大，$n\rightarrow\pi^*$ 跃迁产生的吸收带发生紫移，而 $\pi\rightarrow\pi^*$ 跃迁产生的吸收带则发生红移?

2.3.4 紫外-可见吸收光谱法测定苯酚的含量

2.3.4.1 实验目的

(1)了解紫外-可见分光光度计的结构、性能及使用方法

(2)熟悉定性、定量测定的方法

2.3.4.2 实验原理

紫外分光光度法(Ultraviolet Spectrophtometry)又称紫外吸收光谱法，是研究分子吸收190~1100nm 波长范围内的吸收光谱。紫外吸收光谱主要产生于分子价电子在电子能级间的跃迁，是研究物质电子光谱的分析方法。通过测定分子对紫外光的吸收，可以对大量的无机物和有机物进行定性和定量测定。

苯酚是一种有毒物质，可以致癌，已经被列入有机污染物的黑名单。但在一些药品、食品添加剂、消毒液等产品中均含有一定量的苯酚。如果其含量超标，就会产生很大的毒害作用。苯酚在紫外光区的最大吸收波长 $\lambda_{max}=270nm$。

定性分析时，可在相同的条件下，对标准样品和未知样品进行波长扫描，通过比较未知样品和标准样品的谱图对未知样品进行鉴定。在没有标准样品的情况下，可根据标准谱图或有关的电子光谱数据表进行比较。

定量分析时，在270nm 处测定不同浓度苯酚的标准溶液的吸光度，并自动绘制标准曲线。再在相同的条件下测定未知样品的吸光度，根据标准曲线可得出未知样品中苯酚的含量。

2.3.4.3 实验仪器与试剂

紫外-可见分光光度计，容量瓶(1000mL、250mL)，比色管(50mL)，吸量管(5mL、10mL)。

苯酚储备液($1000\mu g \cdot mL^{-1}$)：准确称取苯酚1.000g于200mL蒸馏水中，溶解后定量转移到1000mL的容量瓶中。

苯酚标准溶液($10\mu g \cdot mL^{-1}$)：将上述苯酚储备液用蒸馏水稀释。

2.3.4.4 实验步骤

(1)设置仪器参数。

(2)波长扫描。

①确定波长扫描参数：测量方式、扫描速度、波长范围、光度范围、换灯点。

②放入参比液和样品。

③波长扫描。

(3)定性分析。

(4)定量分析。

①标准系列溶液的配制：于5支50mL的比色管中，用吸量管分别加入0.50mL、2.00mL、5.00mL、10.00mL、20.00mL的$10\mu g \cdot mL^{-1}$苯酚标准溶液，用蒸馏水定容至刻度，摇匀。

②确定定量分析参数：波长、样品池数、浓度等。

(5)测量完毕，返回主页面，关机。

2.3.4.5 实验数据的记录与处理

(1)定性分析：比较未知样品和标准样品的谱图，对未知样品进行鉴定。

(2)定量分析：根据标准曲线可得出未知样品中苯酚的含量。

2.3.4.6 思考题

(1)紫外-可见分光光度计的主要组成部件有哪些?

(2)说明紫外-可见分光光度法的特点及适用范围。

(3)说出定性分析和定量分析的理论依据和方法。

2.4 仪器部分

2.4.1 721型分光光度计

721型分光光度计将稳压器、光源灯、单色器、比色皿架、光电管暗盒(电子放大器)

和微安表等部件全部集为一体，装置紧凑，操作简便。仪器的工作波长范围是 360 ~ 800nm，适用于近紫外和可见光区。

2.4.1.1 721 型分光光度计结构(图 2.2)

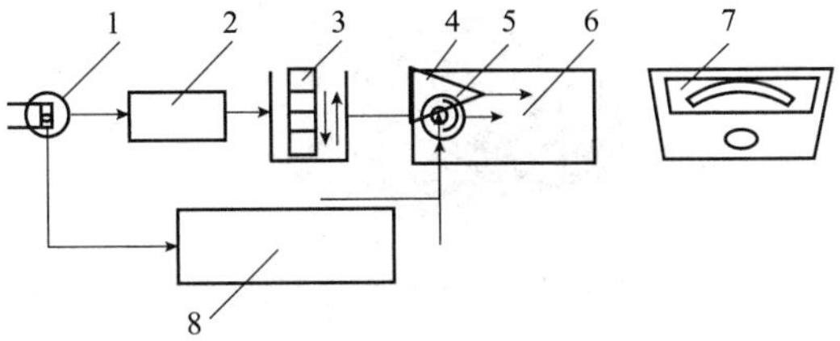

图 2.2 721 型分光光度计结构示意图

1—光源：钨灯；2—单色器：玻璃棱镜；3—吸收池：玻璃比色皿，0.5 ~ 3cm；
4—光电管暗盒；5—光电管；6—放大器；7—微安表；8—稳压器

2.4.1.2 工作原理

由光源发出的复合光经单色器分光之后获得单色光，此单色光经吸收池后照射到检测器上，检测器将光信号转变为电信号，经微电流放大器放大电信号后，由信号显示装置以吸光度 A 或 $T\%$ 形式表示出来。

2.4.1.3 721 型分光光度计光学系统构造(图 2.3)

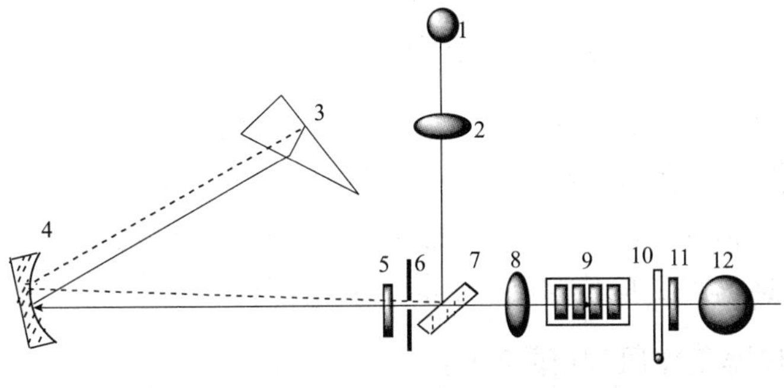

图 2.3 721 型分光光度计光学系统构造图

1—光源：钨灯；2—聚光透镜；3—色散棱镜(玻璃)；4—球面准直镜；5—保护玻璃；
6—入射狭缝；7—平面反射镜；8—聚光透镜；9—玻璃比色皿；
10—光路闸门；11—保护玻璃；12—G - D7 型真空光电管

2.4.1.4 使用方法

(1)选择波长；

(2)调零点，$T = 0$(打开样品池暗箱盖即关闭光路闸门)；

(3)调满度，$T = 100\%$(合上样品池暗箱盖即打开光路闸门)；

(4)测量读数(打开光路闸门，将样品池对准光路读吸光度 A 值)。

2.4.2 N_2S 型分光光度计

2.4.2.1 仪器构造(图 2.4)

图 2.4 N_2S 型分光光度计

1. 技术指标

光学系统：单光束，1200 线/mm 全息光栅系统；接收元件：硅光电池；波长最大允许误差：±1nm；波长重复性：≤0.5nm；波长范围：325～1000nm；光源：钨卤素灯(12V，20W)；基线平直度：±0.003*A*(335～990nm)；漂移：N_2S：≤0.003*A*/0.5h(开机 2h 后，500nm 处)；噪声：100%线噪声≤0.5%，0%线噪声≤0.2%；透射比重复性：≤0.2%；吸光度测量范围：-0.301～3000*A*；透射比测量范围：0.0%～200.0%；杂散光：≤0.1%(在 360nm 处)；最小光谱带宽：(4±0.8)nm；透射比最大允许误差：±0.5%。

2. 特点

超大彩色触摸显示屏幕，高智能操作模块和人机友好界面，自动调 100% *T*、调 OA 功能，简便的灯源更换操作，浓度因子设定和浓度直读功能，USB 数据传输接口和 UVWin8 计算机通信软件。

3. 主要功能

(1)自动控制功能：仪器开机内部系统工作状态自检及自动校正波长，波长自动定位，滤色片自动切换谱图、数据显示打印，显示各种出错信息。

(2)分析测试及信息处理功能：光度测量，定量分析，多波长测定，化学动力学测量，谱图缩放、曲线保存调用，峰值标定、搜索、打印输出。

2.4.2.2 仪器工作原理(图 2.5)

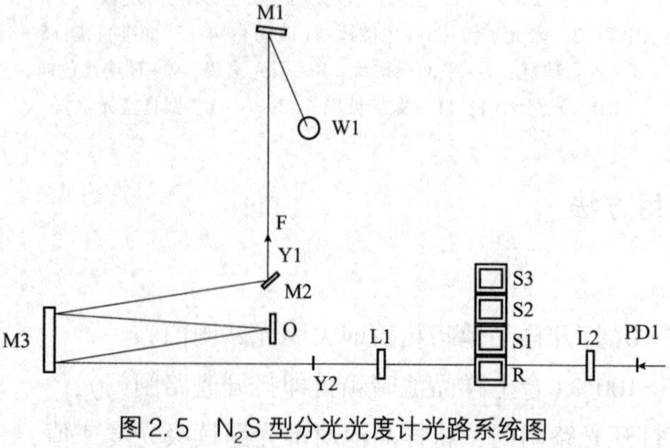

图 2.5 N_2S 型分光光度计光路系统图

由钨灯 W1 和球面镜 M1 组成本仪器的光源系统。其作用是把钨灯发出的光能量聚集在单色器的入射狭缝上。光源灯切换由微机控制步进电机带动球面镜 M1 转动来完成。由入射狭缝 Y1 和出射狭缝 Y2、平面反射镜 M2、准直镜 M3、光栅及滤色片组 F 组成本仪器的单色器系统。样品室内可同时放置 4 个比色皿于比色皿架 R、S1 ~ S3 上，组成仪器的样品室单元，透镜 L1、L2 将光斑汇聚至比色皿架和光电池上，R 放置参比样品，S1 ~ S3放置标准样品或待测样品。该光学系统采用自准直排列，波长改变采用齿轮来实现，以保证获得优质光谱线。可在出射狭缝口得到不同波长的单色光谱线，也称为单色光束。

2.4.2.3 仪器使用方法

1. 测试准备

(1)开机自检：将仪器接通电源，显示屏幕出现欢迎界面，微机进行系统自检，仪器进入初始化状态。(注：初始化过程中请勿打开样品室门!)

(2)波长修正：在主菜单中选光谱测量功能，在光谱测量菜单中的测量模式项中选择 ABS 方式，扫描范围 350 ~ 650nm，记录范围 0.0000 ~ 1.2000A，中速扫描，采样间隔为 0.1nm，扫描次数为 1。全部设置完毕后，按基线校正键进行校正，把标准溶液放入光路中，按开始键后进行扫描，扫描结束后，按峰谷显示键，读取对应峰的波长值，其与标准溶液标准波长值之差应不超过 ±0.5nm。如超过 ±0.5nm 则在系统设置菜单中修正波长值。修正周期为每年 1 ~2 次，或更换灯源后。

(3)放置参比样品与待测样品：选择测试用的比色皿，把参比样品和待测样品放入比色皿架内，参比样品放入比色皿架 R，待测样品放入比色皿架 S1。

2. 键盘操作

通过触摸显示屏弹出的键盘实现键盘操作，分为数字键盘和字母键盘。

(1)数字键盘：CE 数字清零；Cancel 取消本次输入；Enter 确认此次输入数据。

(2)字母键盘：CE 数字清零；Cancel 取消本次输入；Enter 确认此次输入数据。←清除前面一格字符/退格。

3. 光度测量

(1)参数设置：在屏幕右方主功能区内选中光度测量后，即可进入此功能块。优先显示的是参数设置功能界面。

(2)测试举例：首先设定测试波长。当把所需参数输入结束后，将配对比色皿分别倒入参比样品与待测样品。打开样品室将它们分别放置于比色皿架 R、S1，盖好样品室门，然后按下 AUTO ZERO 键。屏幕提示：调零中…仪器自动调整 0%(暗电流)及 100%(满度)。屏幕提示消失后，将比色皿架移至 S1，此时就可得到所需待测样品数据。每个未知样品测量完成后，可以按打印键对所测得的数据进行打印输出。

4. 光谱测量

（1）参数设置：在屏幕右方主功能区内选中光谱测量后，即可进入此功能块。优先显示的是参数设置功能界面。光谱测量的其他标签可以互相切换使用。

（2）曲线显示：所有参数设定完成后，在配对比色皿中分别倒入参比样品和待测样品。打开样品室将它们分别放置比色皿架 R、S1，盖好样品室门，再按基线校准键进行基线校准。屏幕提示：正在校准…按停止校准键停止。基线校准结束后，再按测试键，仪器开始扫描。此时屏幕将会跳转到曲线显示界面。按开始按钮进行测试，将有测试曲线结果显示在屏幕上。通过触摸曲线，将会有曲线光标显示，可以进行粗调，实时反馈数据信息。

（3）峰谷显示：一段测试曲线完成后，在曲线显示界面中，点选峰谷显示标签，画面将会跳转至峰谷显示界面。在峰谷显示界面，请先选择峰谷灵敏度后的输入框，本仪器可选择 3 挡灵敏度：低、中、高。按选输入框将会循环显示 3 挡。选择合适的灵敏度挡位后，页面将会显示当前灵敏度下，本次测试曲线的峰值、谷值。并可通过翻页功能查看更多的峰值、谷值。如显示峰/谷数目太多，请降低峰/谷检测灵敏度。

（4）存储列表：在参数设置中按选调用。以及在曲线显示/峰谷显示界面中，按选存储，画面都将会跳转至存储列表界面。本仪器可存储 10 条曲线（仅限光谱测量功能），不与其他功能的存储列表共用。

5. 定量测量

（1）参数设置：在屏幕右方主功能区内选中定量测量后，即可进入此功能块。此模块提供在不同测量方式下建立浓度曲线的功能。优先显示参数设置功能界面。定量测量的其他标签可以互相切换使用。

（2）k 系数法：k 系数法是工作曲线法的简单应用，它是由系统测量出样品的吸光度值，然后将此数值带入指定的公式计算出样品浓度值的方法。在测量方法中选择 k 系数法，在左下方红色输入框选择标准曲线的斜率 k 值和截距 b 值，按选测试进入 k 系数法界面。可通过点选标签参数设置，重新设置参数。已经设定了 k、b 值后，先在当前光路的样品池中放入空白样品，使用 AUTO ZERO 键对当前工作波长进行吸光度零校正，然后取出校零用的空白样品。吸光度零校正后按测试键进入未知样品浓度测量。

6. 系统设置

在主菜单中选中系统设置后，即可进入此功能块，屏幕显示如下：

（1）钨灯开关设置：开 ON 和关 OFF。

（2）波长修正值：该项提供波长修正功能（修正值为实测值 - 标准值，修正值范围 ±0.5nm）。按选可以键入需要设置的波长。

（3）语言选择：该选项提供修改仪器语言，有中文、英文和西班牙语言可供选择。

（4）菜单：返回主菜单。

2.4.3 UV2800 型紫外－可见分光光度计

2.4.3.1 仪器构造(图 2.6)

图 2.6 UV2800 型紫外－可见分光光度计

1. 仪器技术指标

波长范围：190～1100nm；波长最大允许误差 ±0.3nm；波长重复性：≤0.2nm；投射比测量范围：0～200% T；吸光度测量范围：－0.301～4.000A；投射比最大允许误差：≤0.3% T；投射比重复性：≤0.1% T；漂移：≤0.0005A/h(开机 2h 后，500nm 处)；基线直线性：±0.001A；杂光：≤0.05% T；噪声：100% 线噪声≤0.1%；0% 线噪声≤0.05%；扫描速度：快、中、慢；光谱带宽：1.8nm。

2. 仪器使用条件

环境温度：5～35℃；环境湿度：≤85%；工作电压：(220±22)V，(50±1)Hz；额定功率：200W；主要选配套件：打印机；室内无强烈的电磁干扰及影响使用的震动。

3. 仪器的主要功能

仪器的功能可分为自动控制功能和分析测试及信息处理功能两个方面。

(1)自动控制功能：仪器开机内部系统自检及自动校正波长；波长自动定位；滤色片自动切换；光源自动切换；自动选择光源的最佳切换点；谱图、数据显示打印。

(2)分析测试及信息处理功能：光度测量；光谱扫描；定量分析；多波长测定；动力学测量；谱图缩放，曲线保存调用；峰值标定，搜索，打印输出。

2.4.3.2 仪器工作原理(图 2.7)

1. 光学系统

由钨灯 W1、氘灯 D2、球面镜 M1 组成本仪器的光源系统。其作用是把钨灯(可见光源)和氘灯(紫外光源)发出的光能量聚集在单色器的入射狭缝上。光源灯切换由微机控制步进电机带动球面镜 M1 转动来完成。

入射狭缝 S1 和出射狭缝 S2，平面反射镜 M2，准直镜 M3、M4，光栅 G 及滤色片组 F 分别由波长步进电机和滤色片步进电机来控制运转，这两个电机由微机系统控制。分光系统包括 M5、M6、M7、M8，将单束光分成双光束。

样品室内放置比色皿于比色皿架 R、S，组成仪器的样品室单元，透镜 L1、L2 将光斑汇聚至比色皿架和光电池上，R 放置参比样品，S 放置标准样品或待测样品。

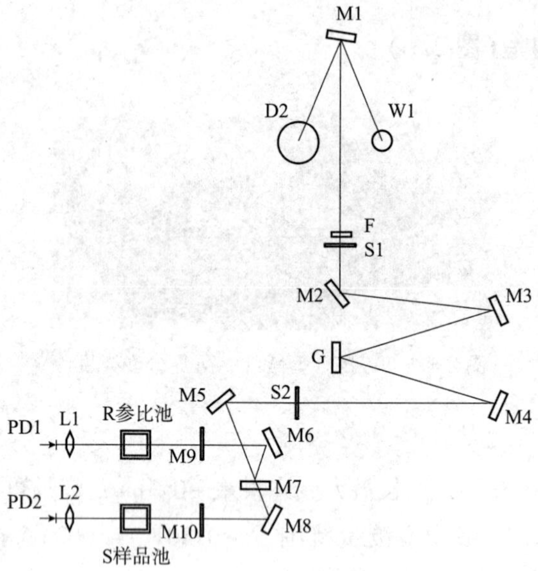

图 2.7　UV2800 型紫外 – 可见分光光度计光路系统图

该光学系统采用不对称式像差校正 C – T 排列，以保证获得优质光谱线。波长的改变采用正弦机构来实现：当波长步进电机转动时，便带动单色器内的丝杆转动，丝杆上的螺母滑块发生前后移动，波长的变化与光栅转角成正弦关系，随着光栅的转动，被色散后的光谱带就在出射狭缝口左右移动，可在出射狭缝口得到不同波长的单色光谱线，也称为单色光束。

2. 电路系统

电路系统由两组开关电源组成。一组开关电源包括 12V、20W 的钨灯，各种模拟稳压电路，四路电机驱动电路，前置放大器，及微机控制系统工作电源。另一组开关电源包括 300mA 电流的氘灯恒流电源。

本机前置系统由光流放大器、程控增益放大器及(V/F)转换三路电路组成。光电检测器采用优质的进口硅光电池，具有寿命长、耐疲劳性强、不易受潮等优点。

3. 微机系统

UV2800 型紫外 – 可见分光光度计的微机控制采用高性能 ARM 处理器，技术可靠、稳定，带有 USB 接口供仪器与 PC 通讯，有专用打印机接口。仪器显示采用大屏幕 LED 液晶屏，图像清晰。

2.4.3.3　仪器使用方法

1. 键盘使用说明

UV2800 型紫外 – 可见分光光度计的键盘与主机由一根专用电缆线连接。仪器的工作状态全部由键盘设定，仪器的功能状态(菜单)及测量结果均在液晶显示屏上显示。此键盘上共有25个键，其中11个是数字键，4个是显示屏上菜单选择(光标)的方向键，10个是功能键。现分别将各键的功能叙述如下：

F1～F4键：在不同级菜单中功能不同，它们对应液晶屏最下方的四个小方块功能。

0～9、·/－键：共11个键，为数字键及小数点及正负选择，可在仪器规定范围内自由选择某一特定的参数，如常用的波长值，A、$t(T)$、E 值的上、下限定值及浓度参数等。

→←↑↓键：共4个键，来移动光标的上下左右，使仪器操作者能够方便地选择需要的参数项，输入相应的参数值。按动上述某一键，光标跳动一挡，即可输入或修正某一数字。

2. 仪器开机自检

开机后，仪器进入自检状态。其中任一环节出错屏幕将在错项显示 FAILURE，并终止运行。开机自检完成后仪器进入主菜单，仪器经30min热稳定后，可以进行正常测量。仪器自检通过后进入主菜单，按→、←方向键选择所需功能项，选中项将反显，按 ENTER 键进入相应子菜单功能块，或按相应的数字键进入相应子菜单功能块。

3. 光度测量

在主菜单中选中光度测量项后，按 ENTER 键即可进入此功能块。屏幕最下方的功能，分别对应仪器键盘上的四个功能键 F1、F2、F3、F4。

4. 光谱测量

(1)光谱测量菜单。

扫描范围：输入开始波长和结束波长。波长值的定义顺序：从左至右为起始波长和结束波长。波长范围：190～1100nm。

记录范围：该记录范围对应不同的测量模式，可根据用户的需要输入和修改。字段左边为测量下限，字段右边为测量上限。

扫描速度：分为三挡：快、中、慢；扫描间隔分为五挡：0.1nm、0.5nm、1.0nm、2.0nm、5.0nm；扫描次数：根据用户的不同需要选择。输入范围1～20次，如扫描次数大于等于2次，输入两次扫描间隔时间(s)。

绘图方式：分为连续模式和重叠模式两种。连续模式：屏幕上只显示一条谱线。重叠模式：屏幕显示谱线数与扫描次数相同。

(2)光谱扫描：功能键比例即 F1：按 F1 键进入标尺修改功能区，屏幕自动反显所需修改字段，修改完毕后，按 ENTER 键确认后，屏幕自动进入下一修改字段，在最后字段修改结束后，按 ENTER 键，屏幕将按新设定坐标被刷新。其主要功能为将所需范围内的图形部分放大或缩小。

功能键峰/谷即 F2：按 F2 键屏幕将显示扫描区域的所有峰、谷值。如屏幕不够显示所有峰值，按上一页、下一页，即键盘中 F2、F3 键可翻屏，按 F4 键可打印输出。

功能键存储即 F3：按 F3 键曲线存储键，共可存8条曲线。用←、→方向键可任意选择10个数字和26个字母中任何字符组成当前要存储的文件名，按ENTER键确认，文件名最多为8个字符。选择完成后按F4键保存或按F3键不保存。

在“请输入文件号存储”后输入序号，按ENTER键确认此时完成文件存储。对已存入文件的序列号，若选择该序列号，原文件将被覆盖，新文件自动生成。

(3)文件读取：在光谱测量菜单中，按F4键读取文件。在“请输入文件号读取”后输入序号并按ENTER键确认，屏幕自动清屏并显示调入曲线。读取曲线也可以进行比例缩放、峰/谷检测、打印等处理。若无内存曲线，屏幕请求重新输入曲线序号，此时输入正确的数值即可。

5. 定量测量

(1)定量测量菜单：

分析波长：用户根据需要可以设定两个分析波长。一般情况下用户仅需输入第一波长值，第二波长值输入为零(一波长法)，按ENTER键确认，仪器自动移动到所需要的分析波长处。屏幕提示：正在设定波长…移动波长完成后屏幕提示消失。用户如需要设定两个分析波长，则测量值为第一波长处吸光度值减第二波长处吸光度值。

分析方法分为系数法、一点法、多点法三种。选中某分析方法项后按ENTER键确认，即进入该分析方法。

单位：对测量单位的设定，共有8项可供选择。

(2)系数法：

按数字键2进入分析方法功能项中，按←、→方向键选择系数法，并按ENTER键确认。系数法中标准曲线的斜率 k 和截距 b 从键盘输入，输入 k 值和 b 值后按ENTER键确认。

系数法设定完成后将参比样品倒入配对石英比色皿中，打开样品室将它们分别放置于比色皿架R、S，盖好样品室门，然后按下AUTO ZERO键进行吸光度校零，再将比色皿架S上的比色皿中的参比样品换成被测样品，按F4键进入未知样品浓度测量。

未知样品浓度测量：工作曲线建立后在定量测量菜单中按F4键进入未知样品浓度测量。将比色皿架S上的比色皿中的参比样品换成被测样品，按STARE/STOP键测量结果自动生成并显示屏幕上。

显示数据：如测量次数超过一页屏幕，按上一页、下一页，即键盘中F2、F3键可翻屏。按F1即为保存键，保存数据到样品文件中。按F4即为打开键，打开需要的样品文件。

(3)一点法：

一点法是测量一个标准样品的吸光度与坐标零点来建立工作曲线，以此来测量样品浓度的方法。在选择一点法之前首先将样品倒入配对石英比色皿中，打开样品室将它们分别放置于比色皿架R、S，盖好样品室门，然后按下AUTO ZERO键进行吸光度校零。按数字键2进入分析方法功能项，按←、→方向键选择一点法，并按ENTER键确认。

根据屏幕显示输入一点的浓度值并按ENTER键确认。然后进入标准样品吸光度标定：

将比色皿架 S 上的比色皿中的参比样品换成标准样品，然后按 ENTER 键，系统测出标准样品的吸光度并显示，此时标准样品吸光度设定完成。按 F4 键进行未知浓度测量。

(4)多点法：

多点法是测量一系列已知浓度的标准样品的吸光度，来建立工作曲线，再根据建立的工作曲线来测量未知样品浓度的一种定量分析法。

按数字键 2 进入分析方法功能项中，按←、→方向键选择多点法，并按 ENTER 键确认。根据屏幕显示要求输入标准样品个数、曲线次数、是否过原点，并按 ENTER 键确认。按 F4 键标定标准样品浓度并建立工作曲线测量未知样品浓度。按 F1 键即读取已保存的工作曲线方程测量未知样品浓度。

读取方程即 F1 键：在“请输入文件号读取”后输入文件号并按 ENTER 键确认，返回定量测量菜单，此时已调入用户需要的工作曲线。将参比样品倒入配对石英比色皿，打开样品室将它们分别放置于比色皿架 R、S，盖好样品室门，然后按下 AUTO ZERO 键进行吸光度校零，再将比色皿架 S 上的比色皿中的参比样品换成被测样品，按 F4 键进入未知样品浓度测量。

标定标准样品即 F4 键：按 F4 键之前，将参比样品倒入配对石英比色皿中，打开样品室将它们分别放置于比色皿架 R、S，盖好样品室门，然后按 AUTO ZERO 键进行吸光度校零，再按 F4 键。

根据屏幕显示首先对应每个标准样品输入相应的浓度值(从小到大)，将标准样品放入比色皿架 S 上，依次按 START/STOP 键测量出相应浓度标准样品的吸光度，至此完成所有标准样品浓度的设定，工作曲线建立。屏幕表格中第一列为标准样品序号，第二列为比色皿架位置，第三列为标准样品浓度，第四列为标准样品浓度对应的吸光度。

第3章　红外吸收光谱法

3.1　概述

红外吸收光谱又称分子振动转动光谱，属分子吸收光谱。当样品受到频率连续变化的红外光照射时，分子吸收了某些频率的辐射，并由其振动或转动运动引起偶极矩的净变化，产生分子振动和转动能级从基态到激发态的跃迁，相应的这些区域的透射光强减弱，记录透过率 $T\%$ 对波数或波长的曲线，即红外吸收光谱。

1. 红外光区的划分

红外吸收光谱在可见光区和微波光区之间，波长范围为 0.75 ~ 1000μm，根据仪器技术和应用不同，习惯上又将红外光区分为三个区：近红外光区(0.75 ~ 2.5μm)、中红外光区(2.5 ~ 25μm)、远红外光区(25 ~ 1000μm)。

近红外光区(0.75 ~ 2.5μm)的吸收带主要是由低能电子跃迁、含氢原子团(如O—H、N—H、C—H)伸缩振动的倍频吸收等产生的。该区的光谱可用来研究稀土和其他过渡金属离子的化合物，并适用于水、醇、某些高分子化合物以及含氢原子团化合物的定量分析。

中红外光区(2.5 ~ 25μm)：绝大多数有机化合物和无机离子的基频吸收带出现在该光区。由于基频振动是红外吸收光谱中吸收最强的振动，所以该区最适于进行红外吸收光谱的定性和定量分析。同时，由于中红外吸收光谱仪最为成熟、简单，而且目前已积累了该区大量的数据资料，因此它是应用极为广泛的光谱区。通常，中红外吸收光谱法又简称为红外吸收光谱法。

远红外光区(25 ~ 1000μm)，该区的吸收带主要是由气体分子中的纯转动跃迁、振动-转动跃迁、液体和固体中重原子的伸缩振动、某些变角振动、骨架振动以及晶体中的晶格振动所产生的。由于低频骨架振动能很灵敏地反映出结构变化，所以对异构体的研究特别方便。此外，还能用于金属有机化合物(包括配合物)、氢键、吸附现象的研究。但由于该光区能量弱，除非其他波长区间内没有合适的分析谱带，一般不在此范围内进行分析。

2. 红外吸收光谱的表示方法

红外吸收光谱一般用 $T-\lambda$ 曲线或 $T-\sigma$(波数)曲线表示。

纵坐标为透过率 $T\%$，因而吸收峰向下，向上则为谷；横坐标是波长 λ(单位为 μm)，或 $\sigma_{波数}$(单位为 cm^{-1})。波长与波数之间的关系为：

$$\sigma_{波数}/\mathrm{cm}^{-1}=10^4/(\lambda/\mu\mathrm{m}) \quad (3.1)$$

3. 红外吸收光谱法的应用

红外吸收光谱与分子的结构密切相关，是研究表征分子结构的一种有效手段，与其他方法相比较，红外吸收光谱由于对样品没有任何限制，是公认的一种重要分析工具。在分子构型和构象研究、化学化工、物理、能源、材料、天文、气象、遥感、环境、地质、生物、医学、药物、农业、食品、法庭鉴定和工业过程控制等多方面的分析测定中都有十分广泛的应用。

红外吸收光谱法可以研究分子的结构和化学键，如力常数的测定和分子对称性等，利用红外吸收光谱法可测定分子的键长和键角，并由此推测分子的立体构型。根据所得的力常数可推知化学键的强弱，由简正频率计算热力学函数等。分子中的某些基团或化学键在不同化合物中所对应的谱带波数基本上是固定的或只在小波段范围内变化，因此许多有机官能团，例如甲基、亚甲基、羰基、氰基、羟基、氨基等在红外吸收光谱中都有特征吸收，通过红外吸收光谱法测定，人们就可以判定未知样品中存在哪些有机官能团，这为最终确定未知物的化学结构奠定了基础。

分子在低波数区的许多简正振动往往涉及分子中全部原子，不同分子的振动方式不同，这使得红外吸收光谱具有像指纹一样高度的特征性，称为指纹区。利用这一特点，人们采集了成千上万种已知化合物的红外吸收光谱，并把它们存入计算机中，编成红外吸收光谱标准谱图库。人们只需把测得未知物的红外吸收光谱与标准谱图库中的光谱进行比对，就可以迅速判定未知化合物的成分。

当代红外吸收光谱技术的发展已使红外吸收光谱的意义远远超越了对样品进行简单的常规测试，并从而推断化合物的组成的阶段。红外吸收光谱技术与其他多种测试手段联用衍生出许多新的分子光谱领域，例如，色谱技术与红外吸收光谱技术联合为深化认识复杂的混合物体系中各种组分的化学结构创造了机会；把红外吸收光谱技术与显微镜方法结合起来，形成红外成像技术，用于研究非均相体系的形态结构。随着电子技术的日益进步，半导体检测器已实现集成化，焦平面阵列式检测器已商品化，有效地推动了红外成像技术的发展，也为未来发展非傅立叶变换红外吸收光谱仪创造了契机。

随着同步辐射技术的发展和广泛应用，现已出现用同步辐射光作为光源的红外吸收光谱仪，由于同步辐射光的强度比常规光源高五个数量级，这能有效地提高光谱的信噪比和分辨率，特别值得指出的是，近年来自由电子激光技术为人们提供了一种单色性好、亮度高、波长连续可调的新型红外光源，使之与近场技术相结合，可使得红外成像技术在分辨率和化学反差两方面皆得到有效提高。

3.2 红外吸收光谱法原理

1. 产生红外吸收的条件

(1)能量相等条件：振动或转动能级跃迁的能量与红外辐射光子能量相等。红外吸收光谱是分子振动能级跃迁产生的。因为分子振动能级差为0.05～1.0eV，比转动能级差(0.0001～0.05eV)大，因此分子发生振动能级跃迁时，不可避免地伴随转动能级的跃迁，因而无法测得纯振动光谱，但为了讨论方便，以双原子分子振动光谱为例说明红外吸收光谱产生的条件。若把双原子分子(A－B)的两个原子看作两个小球，把连接它们的化学键看成质量可以忽略不计的弹簧，则两个原子间的伸缩振动可近似地看成沿键轴方向的简谐振动。由量子力学可以证明，该分子的振动总能量(E_v)为：

$$E_v = (v + 1/2)h\nu \tag{3.2}$$

式中，v为振动量子数($v=0$，1，2，…)；E_v是与振动量子数v相应的体系能量；ν为分子振动的频率。

在室温时，分子处于基态($v=0$)，$E_v = 1/2 \cdot h\nu$，此时，伸缩振动的频率很小。当有红外辐射照射到分子时，若红外辐射的光子(ν_L)所具有的能量(E_L)恰好等于分子振动能级的能量差($\Delta E_{振}$)时，则分子将吸收红外辐射而跃迁至激发态，导致振幅增大。分子振动能级的能量差为：

$$\Delta E_{振} = \Delta v \cdot h\nu \tag{3.3}$$

又因光子能量为：

$$E_L = h\nu_L \tag{3.4}$$

于是可得产生红外吸收光谱的第一条件为：

$$E_L = \Delta E_{振} \tag{3.5}$$

只有当红外辐射频率等于振动量子数的差值与分子振动频率的乘积时，分子才能吸收红外辐射，产生红外吸收光谱。

分子吸收红外辐射后，由基态振动能级($v=0$)跃迁至第一振动激发态($v=1$)时，所产生的吸收峰称为基频峰。因为$\Delta v=1$时，$\nu_L=\nu$，所以基频峰的位置(ν_L)等于分子的振动频率。

在红外吸收光谱上除基频峰外，还有振动能级由基态($v=0$)跃迁至第二激发态($v=2$)、第三激发态($v=3$)……所产生的吸收峰，称为倍频峰。

由$v=0$跃迁至$v=2$时，$\Delta v=2$，则$\nu_L=2\nu$，即吸收的红外线谱线(ν_L)是分子振动频率的二倍，产生的吸收峰称为二倍频峰。

由$v=0$跃迁至$v=3$时，$\Delta v=3$，则$\nu_L=3\nu$，即吸收的红外线谱线(ν_L)是分子振动频率的三倍，产生的吸收峰称为三倍频峰，其他类推。在倍频峰中，二倍频峰还比较强。三倍频峰以上，因跃迁概率很小，一般都很弱，常常不能测到。

除此之外，还有合频峰($\nu_1+\nu_2$，$2\nu_1+\nu_2$，…)、差频峰($\nu_1-\nu_2$，$2\nu_1-\nu_2$，…)等，这些峰多数很弱，一般不容易辨认。倍频峰、合频峰和差频峰统称为泛频峰。

(2)耦合作用(能量传递条件)：为满足辐射与物质之间有耦合作用这个条件，分子振动必须伴随偶极矩的变化。红外跃迁是偶极矩诱导的，即能量转移的机制是通过振动过程所导致的偶极矩的变化和交变的电磁场(红外线)相互作用发生的。由于构成分子的各原子的电负性不同，也显示不同的极性，称为偶极子。通常用分子的偶极矩(μ)来描述分子极性的大小。当偶极子处在电磁辐射的电场中时，该电场作周期性反转，偶极子将经受交替的作用力而使偶极矩增加或减少。由于偶极子具有一定的原有振动频率，显然，只有当辐射频率与偶极子频率相匹时，分子才与辐射相互作用(振动耦合)而增加它的振动能，使振幅增大，即分子由原来的基态振动跃迁到较高振动能级。因此，并非所有的振动都会产生红外吸收，只有发生偶极矩变化($\Delta\mu \neq 0$)的振动才能引起可观测的红外吸收光谱，该分子称为红外活性的；$\Delta\mu = 0$ 的分子振动不能产生红外振动吸收，称为非红外活性的。

当一定频率的红外光照射分子时，如果分子中某个基团的振动频率和它一致，两者就会产生共振，此时光的能量通过分子偶极矩的变化传递给分子，这个基团就吸收一定频率的红外光，产生振动跃迁。如果用连续改变频率的红外光照射某样品，由于试样对不同频率的红外光吸收程度不同，使通过试样后的红外光在一些波数范围减弱，在另一些波数范围内仍然较强，用仪器记录该试样的红外吸收光谱，进行样品的定性和定量分析。

2. 双原子分子的振动

分子中的原子以平衡点为中心，以非常小的振幅(与原子核之间的距离相比)作周期性的振动，可近似地看作简谐振动。这种分子振动的模型，以经典力学的方法可把两个质量为 m_1 和 m_2 的原子看成钢体小球，连接两原子的化学键设想成无质量的弹簧，弹簧的长度 r 就是分子化学键的长度。由经典力学可导出该体系的基本振动频率计算公式：

$$\nu = (1/2\pi) \cdot (k/\mu) \text{或波数} = (1/2\pi c) \cdot (k/\mu) \qquad (3.6)$$

式中，k 为化学键的力常数，其定义为将两原子由平衡位置伸长单位长度时的恢复力(单位为 $N \cdot cm^{-1}$)。单键、双键和叁键的力常数分别近似为 $5N \cdot cm^{-1}$、$10N \cdot cm^{-1}$ 和 $15N \cdot cm^{-1}$；c 为光速($2.998 \times 10^{10} cm \cdot s^{-1}$)，$\mu$ 为折合质量，单位为 g，且 $\mu = m_1 \cdot m_2/(m_1 + m_2)$。

根据小球的质量和相对原子质量之间的关系：

$$\text{波数} = 1302(k/Ar')1/2 \qquad (3.7)$$

Ar′为折合相对原子质量。

影响基本振动频率的直接原因是相对原子质量和化学键的力常数。化学键的力常数 k 越大，折合相对原子质量 Ar′越小，则化学键的振动频率越高，吸收峰将出现在高波数区；反之，则出现在低波数区。例如：≡C—C≡、═C═C═、—C≡C—三种碳碳键的质量相同，键力常数的顺序是叁键 > 双键 > 单键。

因此在红外吸收光谱中，—C≡C—的吸收峰出现在 $2222cm^{-1}$，而═C═C═约在 $1667cm^{-1}$，≡C—C≡在 $1429cm^{-1}$。

对于相同化学键的基团，波数与折合相对原子质量平方根成反比。例如 C—C、C—O、C—N 键的力常数相近，但折合相对原子质量不同，其大小顺序为 C—C < C—N < C—O，因而这三种键的基频振动峰分别出现在 $1430cm^{-1}$、$1330cm^{-1}$、$1280cm^{-1}$附近。

需要指出，上述用经典方法来处理分子的振动是宏观处理方法，或是近似处理的方法，但一个真实分子的振动能量变化是量子化。另外，分子中基团与基团之间，基团中的化学键之间都相互有影响，除了化学键两端的原子质量、化学键的力常数影响基本振动频率外，还与内部因素和外部因素有关。

3. 多原子分子的振动

多原子分子由于原子数目增多，组成分子的键或基团和空间结构不同，其振动光谱比双原子分子要复杂。但是可以把它的振动分解成许多简单的基本振动，即简正振动。

(1)简正振动：简正振动的振动状态是分子质心保持不变，整体不转动，每个原子都在其平衡位置附近做简谐振动，其振动频率和相位都相同，即每个原子都在同一瞬间通过其平衡位置，而且同时达到其最大位移值。分子中任何一个复杂振动都可以看成这些简正振动的线性组合。

(2)简正振动的基本形式。一般将振动形式分成两类：伸缩振动和变形振动。

①伸缩振动：原子沿键轴方向伸缩，键长发生变化而键角不变的振动称为伸缩振动，用符号 ν 表示。它又可以分为对称伸缩振动(ν_s)和不对称伸缩振动(ν_{as})。对同一基团，不对称伸缩振动的频率要稍高于对称伸缩振动。

②变形振动(又称弯曲振动或变角振动)：基团键角发生周期变化而键长不变的振动称为变形振动，用符号 δ 表示。变形振动又分为面内变形振动和面外变形振动。面内变形振动又分为剪式振动(以 δ 表示)和平面摇摆振动(以 ρ 表示)。面外变形振动又分为非平面摇摆振动(以 ω 表示)和扭曲振动(以 τ 表示)。

由于变形振动的力常数比伸缩振动的小，因此，同一基团的变形振动都在其伸缩振动的低频端出现。

(3)基本振动的理论数：简正振动的数目称为振动自由度，每个振动自由度相当于红外吸收光谱图上一个基频吸收带。设分子由 n 个原子组成，每个原子在空间都有 3 个自由度，原子在空间的位置可以用直角坐标中的 3 个坐标 x、y、z 表示，因此，n 个原子组成的分子总共应有 $3n$ 个自由度，即 $3n$ 种运动状态。但在这 $3n$ 种运动状态中，包括 3 个整个分子的质心沿 x、y、z 方向平移运动和 3 个整个分子绕 x、y、z 轴的转动运动。这 6 个运动都不是分子振动，因此，振动形式应有 $3n-6$ 个。但对于直线型分子，若贯穿所有原子的轴是在 x 方向，则整个分子只能绕 y、z 轴转动，因此，直线型分子的振动形式为 $3n-5$ 种。

每种简正振动都有其特定的振动频率，似乎都应有相应的红外吸收带。实际上，绝大多数化合物在红外吸收光谱图上出现的峰数远小于理论上计算的振动数，这是由如下原因引起的：

①没有偶极矩变化的振动，不产生红外吸收；

②相同频率的振动吸收重叠，即简并；

③对于那些频率十分接近的振动，或吸收带很弱的振动，仪器检测不出；

④有些吸收带落在仪器检测范围之外。

例如，直线型分子二氧化碳理论上其基本振动数为4，共有4个振动形式，在红外吸收光谱图上有4个吸收峰。但在实际红外吸收光谱图中，只出现667cm^{-1}和2349cm^{-1}两个基频吸收峰。这是因为对称伸缩振动偶极矩变化为零，不产生吸收，而面内变形振动和面外变形振动的吸收频率完全一样，发生简并。

4. 吸收谱带的强度

红外吸收谱带的强度取决于分子振动时偶极矩的变化，而偶极矩与分子结构的对称性有关。振动的对称性越高，振动中分子偶极矩变化越小，谱带强度也就越弱。一般地，极性较强的基团(如C═O、C—X等)振动，吸收强度较大；极性较弱的基团(如C═C、C—C、N═N等)振动，吸收强度较弱。红外吸收光谱的吸收强度一般定性地用很强(vs)、强(s)、中(m)、弱(w)和很弱(vw)等表示。按摩尔吸光系数ε的大小划分吸收峰的强弱等级，$\varepsilon>100$，非常强峰(vs)；$20<\varepsilon<100$，强峰(s)；$10<\varepsilon<20$，中强峰(m)；$1<\varepsilon<10$，弱峰(w)。

5. 基团频率和特征吸收峰

物质的红外吸收光谱是其分子结构的反映，谱图中的吸收峰与分子中各基团的振动形式相对应。多原子分子的红外吸收光谱与其结构的关系一般是通过实验手段得到，就是通过比较大量已知化合物的红外吸收光谱，从中总结出各种基团的吸收规律。

实验表明，组成分子的各种基团，如O—H、N—H、C—H、C═C、C═OH和C≡C等，都有自己的特定的红外吸收区域，分子的其他部分对其吸收位置影响较小。通常把这种有较高强度的吸收谱带称为基团频率，其所在的位置一般又称为特征吸收峰。

(1)基团频率区：

中红外吸收光谱区可分成4000~1300cm^{-1}和1800~600cm^{-1}两个区域。最有分析价值的基团频率在4000~1300cm^{-1}，这一区域称为基团频率区、官能团区或特征区。区内的峰是由伸缩振动产生的吸收带，比较稀疏，容易辨认，常用于鉴定官能团。

在1800~600cm^{-1}区域内，除单键的伸缩振动外，还有因变形振动产生的谱带。这种振动与整个分子的结构有关。当分子结构稍有不同时，该区的吸收就有细微的差异，并显示出分子特征。这种情况就像人的指纹一样，因此称为指纹区。指纹区对于指认结构类似的化合物很有帮助，而且可以作为化合物存在某种基团的旁证。基团频率区可分为三个区域：

①4000~2500cm^{-1}X—H伸缩振动区，X可以是O、H、C或S等原子。

O—H的伸缩振动出现在3650~3200cm^{-1}范围内，它可以作为判断有无醇类、酚类和有机酸类的重要依据。当醇和酚溶于非极性溶剂(如CCl_4)，浓度0.01mol·L^{-1}时，在3650~3580cm^{-1}处出现游离O—H的伸缩振动吸收，峰形尖锐，且没有其他吸收峰干扰，易于识别。

当试样浓度增加时，羟基化合物产生缔合现象，O—H的伸缩振动吸收峰向低波数方向位移，在3400~3200cm^{-1}出现一个宽而强的吸收峰。胺和酰胺的N—H伸缩振动出现在

$3500\sim3100cm^{-1}$，因此，可能会对 O—H 伸缩振动有干扰。C—H 的伸缩振动可分为饱和和不饱和的两种。饱和的 C—H 伸缩振动出现在 $3000cm^{-1}$ 以下，$3000\sim2800cm^{-1}$，取代基对它们影响很小。如—CH_3 的吸收出现在 $2960cm^{-1}$ 和 $2876cm^{-1}$ 附近；—CH_2 的吸收在 $2930cm^{-1}$ 和 $2850cm^{-1}$ 附近；≡CH(不是炔烃)的吸收出现在 $2890cm^{-1}$ 附近，但强度很弱。不饱和的 C—H 伸缩振动出现在 $3000cm^{-1}$ 以上，以此来判别化合物中是否含有不饱和的 C—H 键。

苯环的 C—H 键伸缩振动出现在 $3030cm^{-1}$ 附近，它的特征是强度比饱和的 C—H 键稍弱，但谱带比较尖锐。

不饱和的双键═C—H 的吸收出现在 $3040\sim3010cm^{-1}$，末端═CH_2 的吸收出现在 $3085cm^{-1}$ 附近。

叁键≡CH 上的 C—H 伸缩振动出现在更高的区域($3300cm^{-1}$)附近。

②$2500\sim1900cm^{-1}$ 为叁键和累积双键区。

主要包括—C≡C、—C≡N 等叁键的伸缩振动，以及—C═C═C、—C═C═O 等累积双键的不对称性伸缩振动。对于炔烃类化合物，可以分成 R—C≡CH 和 R′—C≡C—R 两种类型，R—C≡CH 的伸缩振动出现在 $2140\sim2100cm^{-1}$ 附近；R′—C≡C—R 出现在 $2260\sim2190cm^{-1}$ 附近。如果是 R—C≡C—R，因为分子是对称，则为非红外活性。—C≡N 的伸缩振动在非共轭的情况下出现在 $2260\sim2240cm^{-1}$ 附近。当与不饱和键或芳香核共轭时，该峰位移到 $2230\sim2220cm^{-1}$ 附近。若分子中含有 C、H、N 原子，—C≡N 吸收比较强而尖锐。若分子中含有 O 原子，且 O 原子离—C≡N 越近，—C≡N 的吸收越弱，甚至观察不到。

③$1900\sim1200cm^{-1}$ 为双键伸缩振动区。

该区域主要包括三种伸缩振动：

A、C═O 伸缩振动出现在 $1900\sim1650cm^{-1}$，是红外吸收光谱中很特征的且往往是最强的吸收，以此很容易判断酮类、醛类、酸类、酯类以及酸酐等有机化合物。酸酐的羰基吸收带由于振动耦合而呈现双峰。

B、C═C 伸缩振动。烯烃的 C═C 伸缩振动出现在 $1680\sim1620cm^{-1}$，一般很弱。单核芳烃的 C═C 伸缩振动出现在 $1600cm^{-1}$ 和 $1500cm^{-1}$ 附近，有两个峰，这是芳环的骨架结构，用于确认有无芳核的存在。

苯的衍生物的泛频谱带出现在 $2000\sim1650cm^{-1}$，是 C—H 面外和 C═C 面内变形振动的泛频吸收，虽然强度很弱，但它们的吸收在表征芳核取代类型上是有用的。

(2)指纹区：

①$1800\sim900cm^{-1}$ 区域是 C—O、C—N、C—F、C—P、C—S、P—O、Si—O 等单键的伸缩振动和 C═S、S═O、P═O 等双键的伸缩振动吸收。

其中：$1375cm^{-1}$ 的谱带为甲基的 δ_{C-H} 对称弯曲振动，对识别甲基十分有用，C—O 的伸缩振动在 $1300\sim1000cm^{-1}$，是该区域最强的峰，也较易识别。

②900 ~ 650cm^{-1}区域的某些吸收峰可用来确认化合物的顺反构型。

例如，烯烃的═C—H 面外变形振动出现的位置，很大程度上取决于双键的取代情况。对于 RHC═CH_2 结构，在 990cm^{-1}和 910cm^{-1}出现两个强峰；对于 RHC═CHR 结构，其顺、反构型分别在 690cm^{-1}和 970cm^{-1}出现吸收峰，可以共同配合确定苯环的取代类型。

6. 常见官能团的特征吸收频率

基团频率主要是由基团中原子的质量和原子间的化学键力常数决定。然而，分子内部结构和外部环境的改变对它都有影响，因而同样的基团在不同的分子和不同的外界环境中，基团频率可能会有一个较大的范围。因此了解影响基团频率的因素，对解析红外吸收光谱和推断分子结构都十分有用。

影响基团频率位移的因素大致可分为内部因素和外部因素。

内部因素：

(1)电子效应：包括诱导效应、共轭效应和中介效应，它们都是由于化学键的电子分布不均匀引起的。

①诱导效应(I 效应)。

由于取代基具有不同的电负性，通过静电诱导作用，引起分子中电子分布的变化。从而改变了键力常数，使基团的特征频率发生了位移。

例如，一般电负性大的基团或原子吸电子能力强，与烷基酮羰基上的碳原子数相连时，由于诱导效应就会发生电子云由氧原子转向双键的中间，增加了 C═O 键的力常数，使 C═O 的振动频率升高，吸收峰向高波数移动。随着取代原子电负性的增大或取代数目的增加，诱导效应越强，吸收峰向高波数移动的程度越显著。

②中介效应(M 效应)。

当含有孤对电子的原子(O、S、N 等)与具有多重键的原子相连时，也可起类似的共轭作用，称为中介效应。由于含有孤对电子的原子的共轭作用，使 C═O 上的电子云更移向氧原子，C═O 双键的电子云密度平均化，造成 C═O 键的力常数下降，使吸收频率向低波数位移。对同一基团，若诱导效应和中介效应同时存在，则振动频率最后位移的方向和程度取决于这两种效应的结果。当诱导效应大于中介效应时，振动频率向高波数移动，反之，振动频率向低波数移动。

(2)氢键的影响：氢键的形成使电子云密度平均化，从而使伸缩振动频率降低。

游离羧酸的 C═O 键频率出现在 1760cm^{-1}左右，在固体或液体中，由于羧酸形成二聚体，C═O 键频率出现在 1700cm^{-1}。分子内氢键不受浓度影响，分子间氢键受浓度影响较大。

(3)振动耦合：当两个振动频率相同或相近的基团相邻具有一公共原子时，由于一个键的振动通过公共原子使另一个键的长度发生改变，产生一个“微扰”，从而形成了强烈的振动相互作用。其结果是使振动频率发生变化，一个向高频移动，另一个向低频移动，谱带分裂。振动耦合常出现在一些二羰基化合物中，如羧酸酐。

(4) Fermi 共振：当一个振动的倍频与另一个振动的基频接近时，由于发生相互作用而产生很强的吸收峰或发生裂分，这种现象称为 Fermi 共振。

外部因素：

外部因素主要指测定时物质的状态以及溶剂效应等因素。

同一物质的不同状态，由于分子间相互作用力不同，所得到的光谱往往不同。分子在气态时，其相互作用力很弱，此时可以观察到伴随振动光谱的转动精细结构。

液态和固态分子间作用力较强，在有极性基团存在时，可能发生分子间的缔合或形成氢键，导致特征吸收带频率、强度和形状有较大的改变。例如，丙酮在气态时的 ν_{C-H} 为 $1742cm^{-1}$，而在液态时为 $1718cm^{-1}$。在溶液中测定光谱时，由于溶剂的种类、溶剂的浓度和测定时的温度不同，同一种物质所测得的光谱也不同。通常在极性溶剂中，溶质分子的极性基团的伸缩振动频率随溶剂极性的增加而向低波数方向移动，并且强度增大。因此，在红外吸收光谱测定中，应尽量采用非极性溶剂。

(1) 立体障碍：共轭效应只能发生在同一个平面，若由于立体障碍引起—C═O 和共轭不饱和键的共轭效应受到影响，使—C═O 振动频率上升。

(2) 环张力：环张力增大，则—C═O 振动频率上升。

3.3 实验部分

3.3.1 苯甲酸红外吸收光谱的测定

3.3.1.1 实验目的

(1) 学习用红外吸收光谱进行化合物的定性分析。

(2) 掌握用压片法制作固体试样晶片的方法。

(3) 熟悉红外光谱的工作原理及其使用方法。

3.3.1.2 实验原理

用溴化钾晶体稀释苯甲酸试样，研磨均匀后，压制成晶片，测绘试样的红外吸收光谱。苯甲酸分子中各原子基团的基频峰如表 3.1 所示。

表 3.1　苯甲酸分子中各原子基团的基频峰

原子基团的基本振动形式	基频峰的频率/cm^{-1}
$\nu_{=C-H}$(Ar 上)	3077，3012
$\nu_{C=C}$(Ar 上)	1600，1582，1495，1450
$\delta_{=C-H}$(Ar 上邻接五氢)	715，690

续表

原子基团的基本振动形式	基频峰的频率/cm^{-1}
ν_{O-H}(形成氢键二聚体)	3000～2500(多重峰)
δ_{O-H}	935
$\nu_{C=O}$	1700
δ_{C-O-H}(面内弯曲振动)	1250

3.3.1.3 仪器

傅立叶变换红外光谱仪，压片机，玛瑙研钵，红外干燥灯。

溴化钾(光谱纯)，苯甲酸试样。

3.3.1.4 实验步骤

(1)开启空调，使室内温度控制在18～20℃，相对湿度≤65%。

(2)在红外灯下在研钵中加入KBr进行研磨，至少10min。

(3)将KBr装入模具，在压片机上压片，压力上升至80MPa左右，稳定5s。

(4)打开傅立叶变换红外光谱仪，将压好的薄片装机，设置背景的各项参数之后，进行测试，得到背景的扫描谱图。

(5)苯甲酸试样的制作：取预先在110℃下烘干并保存在干燥器内的溴化钾100～200mg和1～2mg苯甲酸置于洁净的玛瑙研钵中，研磨成均匀、细小的颗粒(2μm)，然后转移到压片模具上压片。

(6)将样品的薄片固定好，装入红外光谱仪，设置样品测试的各项参数后进行测试，得到苯甲酸的红外光谱图。

(7)对样品谱图进行简单的编辑和修饰，并标注出吸收峰值，保存试样的红外光谱图。

(8)在红外光谱仪自带的谱图库中进行检索，检出相关度较大的已知物的标准谱图，对样品的谱图进行解读，参考标准谱图得出鉴定结果。

注意事项：制得的晶片必须无裂痕，局部无发白现象，如同玻璃般完全透明，否则应重新制作。晶片局部发白，表示压制的晶片厚薄不匀；晶片模糊，表示晶体吸潮，水在谱图3450cm^{-1}和1640cm^{-1}处出现吸收峰。

3.3.1.5 数据及处理

(1)记录实验条件。

(2)在苯甲酸试样红外吸收光谱图上，标出各特征吸收峰的波数，并确定其归属。

(3)将苯甲酸试样谱图与其标样谱图进行对比，如果两张谱图上的特征吸收峰及其吸收强度一致，则可认为该试样是苯甲酸。

(4)参考：1693cm^{-1}附近的强峰是C═O双键的吸收；3300～2500cm^{-1}区域有宽而散的峰，并在约934cm^{-1}的位置有羧酸二聚体的吸收，约在1400cm^{-1}、1300cm^{-1}处有羧酸的吸收，证明了 COOH 基团的存在；1600cm⁻¹、1583cm⁻¹是苯环特征吸收，3070cm⁻¹、3012cm⁻¹是苯环的特征吸收，707cm⁻¹、684cm⁻¹是单取代苯的特征吸收，说明了单取代苯的存在(图 3.1)。

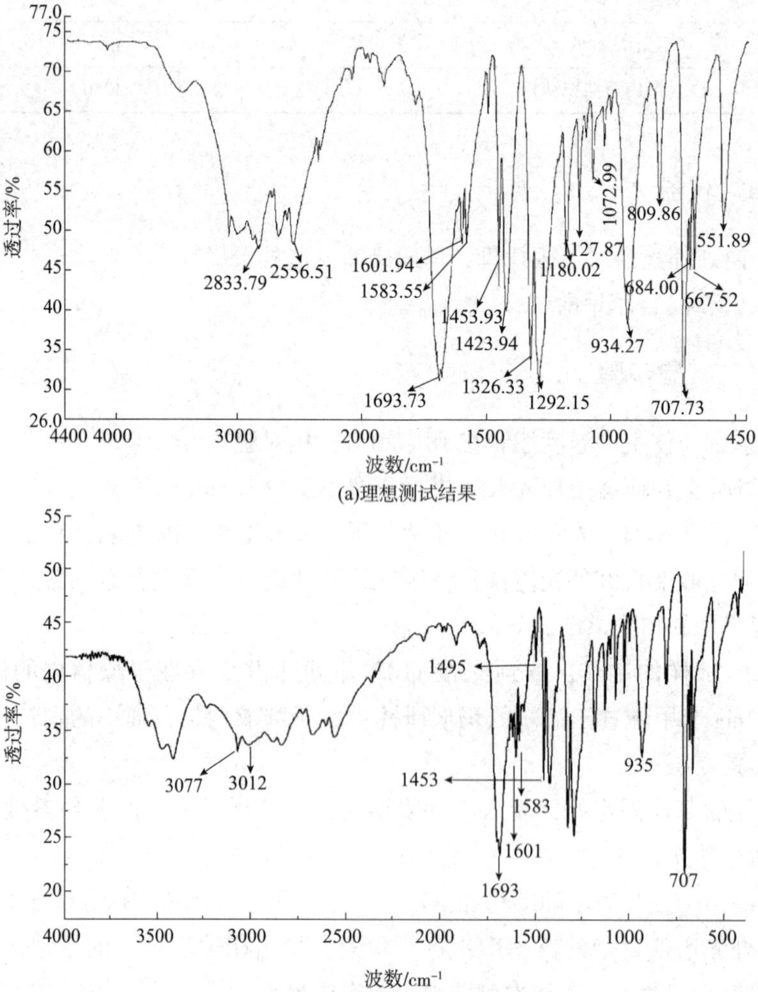

(a)理想测试结果

(b)实际测试结果

图 3.1　苯甲酸红外吸收光谱图

3.3.1.6　讨论与思考题

(1)红外吸收光谱分析对固体试样的制片有何要求？

(2)如何进行红外吸收光谱的定性分析？

(3)红外吸收光谱实验室为什么温度和相对湿度要维持一定的指标？

(4)制备检测晶片时，局部发白的区域说明该区域的样品厚还是薄？

(5)检测样品前，对空白背景如何处理？

(6)图 3.1 中测试结果的主要区别是什么？产生该测试结果差异的原因是什么？

3.3.2　苯甲酸和水杨酸的红外吸收光谱测定

3.3.2.1　实验目的

(1)掌握红外吸收光谱分析时固体样品的压片法样品制备技术。

(2)了解如何根据红外吸收光谱图识别官能团。

(3)了能苯甲酸和水杨酸的红外吸收光谱图。

3.3.2.2　实验原理

将固体样品与卤化碱(通常是 KBr)混合研细，并压成透明片状，然后放到红外光谱仪上进行分析，这种方法就是压片法。压片法所用碱金属的卤化物应尽可能地纯净和干燥，试剂纯度一般应达到分析纯，可以用的卤化物有 NaCl、KCl、KBr、KI 等。由于 NaCl 的晶格能较大不易压成透明薄片，而 KI 又不易精制，因此大多采用 KBr 或 KCl 作样品载体。

由于氢键的作用，苯甲酸通常以二分子缔合体的形式存在。只有在测定气态样品或非极性溶剂的稀溶液时，才能看到游离态苯甲酸的特征吸收。用固体压片法得到的红外吸收光谱中显示的是苯甲酸二分子缔合体的特征，在 3000 ~ 2400cm^{-1}处是 O—H 伸缩振动峰，峰宽且散；由于受氢键和芳环共轭两方面的影响，苯甲酸缔合体的 C═O 伸缩振动吸收位移到 1800 ~ 1700cm^{-1}区(而游离 C═O 伸缩振动吸收是在 1730 ~ 1710cm^{-1}区，苯环上的 C═O 伸缩振动吸收出现在 1500 ~ 1480cm^{-1}和 1610 ~ 1590cm^{-1}区)，这两个峰是鉴别有无芳核存在的标志之一，一般后者峰较弱，前者峰较强。

3.3.2.3　仪器与试剂

红外光谱仪及附件、KBr 压片器及附件、玛瑙研钵、烘箱。

苯甲酸、水杨酸(分析纯)、KBr(光谱纯)。

3.3.2.4　实验步骤

(1)在玛瑙研钵中分别研磨 KBr 和苯甲酸、水杨酸至 2μm 细粉，然后置于烘箱中烘 4 ~ 5h，将烘干后的样品置于干燥器中待用。

(2)分别取 1 ~ 2mg 的干燥苯甲酸或水杨酸和 100 ~ 200mg 干燥 KBr，一并倒入玛瑙研钵中进行混合直至均匀。

(3)取少许上述混合物粉末倒入压片器中压制成透明薄片。然后放到红外光谱仪上测试，仪器使用流程略。

(4)测定未知样的红外吸收光谱图。

3.3.2.5　数据记录与处理

(1)指出苯甲酸或水杨酸红外光谱图中的各官能团的特征吸收峰，并作出标记。

(2)将未知化合物官能团区的峰位列表，并根据其他数据指出可能结构。

3.3.2.6 问题与讨论

(1)测定苯甲酸的红外吸收光谱还可以用哪些制样方法?

(2)影响样品红外吸收光谱图质量的因素是什么?

3.3.3 醛和酮红外吸收光谱的检测

3.3.3.1 实验目的

(1)学习比较醛和酮的碳基吸收频率，说明取代效应和共轭效应，指出各个醛、酮的主要谱带。

(2)熟悉压片法及可拆式液体池的制样技术。

3.3.3.2 实验原理

醛和酮在1870~1540cm^{-1}范围内出现强吸收峰，这是C═O的伸缩振动吸收带。其位置相对较固定，且强度大，很容易识别。而C═O的伸缩振动受到样品的状态、相邻取代基团、共轭效应、氢键、环张力等因素的影响，其吸收带实际位置有所差别。

脂肪醛在1740~1720cm^{-1}范围有吸收，α-碳上的电负性取代基会增加C═O谱带吸收频率。例如，乙醛在1730cm^{-1}处吸收，而三氯乙醛在1768cm^{-1}处吸收。双键与羰基产生共轭效应，会降低C═O的吸收频率。芳香醛在低频处吸收。内氢键也使吸收向低频方向移动。

酮的羰基比相应的醛的羰基在稍低的频率处吸收。饱和脂肪酮在1715cm^{-1}左右有吸收。同样，双键的共轭会造成吸收向低频移动。酮与溶剂之间的氢键也将降低羰基的吸收频率。

3.3.3.3 实验仪器与试剂

傅立叶变换红外光谱仪及附件，KBr压片法所需附件。

苯甲醛、肉桂醛、正丁醛、二苯甲酮、环己酮、苯乙酮、滑石粉、无水乙醇、KBr。

3.3.3.4 实验步骤

用可拆式液体池将苯甲醛、肉桂醛、正丁醛、环己酮、苯乙酮等分别制成0.015~0.025mm厚的液膜，绘出红外吸收光谱。

二苯甲酮为固体，则可按压片法制成KBr片剂，测其红外吸收光谱。

3.3.3.5 实验数据记录与处理

(1)确定各化合物的羰基吸收频率，根据各化合物的光谱写出它们的结构式。

(2)根据苯甲醛的光谱，指出在3000cm^{-1}左右和750 ~ 675cm^{-1}所得到的主要谱带，简述分子中的键或基团构成这些谱带的原因。

(3)根据环己酮光谱，指出在2900cm^{-1}和1460cm^{-1}附近吸收的主要谱带对应的基团。

(4)比较苯甲醛、肉桂醛、正丁醛烷基频率，论述共轭效应和芳香性对羰基吸收频率的影响。

(5)共轭效应及芳香性对酮的羰基的频率影响如何？

3.3.3.6 实验讨论

(1)化合物的红外吸收光谱是怎样产生的？

(2)化合物的红外吸收光谱能提供哪些信息？

(3)如何进行红外吸收光谱图的谱图解释？

(4)单靠红外吸收光谱，能否判断未知物是何种物质，为什么？

3.3.3.7 实验注意事项

在红外光区，使用的光学部件和吸收池的材质是 KBr 晶体，不能受潮。操作时应注意以下几点：

(1)不要用手直接接触盐片表面。

(2)不要对着盐片呼吸。

(3)避免盐片与吸潮液体或溶剂接触。

(4)每做一个标样或试样前都需用无水乙醇清洗液体池，然后再用该标样或试样润洗 3 ~4 次。

3.4 仪器部分

3.4.1 瓦里安 Varian 640 型傅立叶变换红外光谱仪

3.4.1.1 仪器构造(图 3.2)

图 3.2 瓦里安 Varian 640 型傅立叶变换红外光谱仪

1. 样品室

2. 检测器仓

3. 主光学仓

主光学仓内安放的是干涉仪、光圈、分束器、IR 光源、激光器和反射镜。

(1)干涉仪：干涉仪在主光学仓的中央，包括动镜、定镜和分束器，产生红外干涉光。

(2)光圈：不同光谱分辨率的获得除了需要控制动镜的移动距离，还需要配合不同的光圈。对不同的分辨率，光圈的设定也不同。光圈上带有大小不同的 8 个光孔，可以通过软件直接进行控制。

(3)分束器：分束器在干涉仪内，是产生干涉光的重要部件。中红外使用的是 KBr 分束器，该材料怕潮湿，要确保仪器在干燥的环境中工作。

(4)光源：中红外光源安装在主光学仓内右后面的塔上。

(5)激光器：He－Ne 激光器位于主光学仓的左后面。

3.4.1.2 仪器参数

分辨率：0.25cm^{-1}；光源：专利交流电陶瓷光源；干涉仪：60 度 3 点激光定位动态准直干涉仪；光谱范围：375～7800cm^{-1}(标准配置)，可以升级近红外；校验单元：内置标准校验单元；软件：中文 Varian Resolutions Pro 软件；接口：高速 2.0 USB。

3.4.1.3 仪器使用方法

1. 系统开机

(1)打开光谱仪电源开关。如果光谱仪很长时间没有开机，开机后至少需要稳定 30min 以便达到工作温度(稳定前开始数据采集，数据的准确性可能不高)。

(2)打开计算机。

(3)如果需要更换检测器、分束器，或者光源，请在进行数据采集之前完成这些工作。如果已经完成这些工作，就可以进行数据采集。

2. 配置硬件

硬件的配置由系统自动完成，不需要手动配置硬件。

3. 运行软件

在开始测试样品之前，先要关闭其他程序，再打开傅立叶变换红外光谱仪的控制及数据处理软件——Varian Resolutions Pro。安装完 Varian Resolutions Pro 软件后，在 Windows 的程序里面会出现一个 Varian Resolutions Pro 文件，请选择 Varian Resolutions Pro 图标，打开软件。

4. 实验数据采集

不同的实验在数据采集上会有略微差异，应该以实际实验情况来制定最佳的实验方案。一般的实验过程包括以下几个步骤。

（1）设定扫描参数：不同的样品，有不同的测试要求，比如要选定不同的分辨率、扫描次数等。

从“光谱采集”菜单中选择“常规光谱扫描”选项；出现扫描参数的设置界面；单击左边“内容”→“光谱采集方法总览”→“常用设置”，如果对于设置有不清楚的地方，可以单击其右边获得帮助。

扫描次数：分别设置样品光谱和背景光谱的扫描次数，一般设置为 32 次，背景光谱的次数设置为大于或等于样品光谱次数。次数设置得越多，扫描得到的光谱信噪比越好。

光谱名称：分别给样品光谱和背景光谱设置一个名字；分辨率：常规的固体或者液体设置为 $8cm^{-1}$ 或 $4cm^{-1}$；扫描类型：选择光谱类型；扫描光谱范围：设置光谱范围，常规的中红外设置为 $4000\sim400cm^{-1}$；当使用 ATR 或者红外显微镜等附件时，光谱范围不能超过 ATR 晶体或者其他窗片材料可用的波数范围。

（2）准直和校验光谱仪器：傅立叶变换红外光谱仪带有动态准直功能和自动校正，动态准直功能可以自动地调节定镜，使干涉仪处于准直状态。

如有以下情况之一，需要在采集光谱前准直和校验光谱仪：第一次使用红外光谱仪；更换光源、分束器或检测器后；每天必须做一次准直和校验；改变分辨率后；更换附件后。

在进行准直或校验红外光谱仪之前，需要做以下操作：样品仓内没有样品挡住光路。如果是对空的样品仓进行测试，可以得到光源能量和干涉图，这样就可以看出仪器是否正常工作。如果仪器不正常，会出现极低的能量值。检查各光学部件是否正常工作，指示灯是否正常，有没有出错报告。注：不要让能量过高，以免检测器饱和。如果检测器饱和，仪器会给出相应的错误报告。可以加衰减片或减小分辨率。在使用 DTGS 检测器时，可以把光学仓遮蔽一会，放开后，能量会回到原来值。如果能量太强，遮蔽后放开，能量会下降很多。

准直光谱仪：单击“光谱采集/常规光谱扫描”，单击“信号监测”；在弹出的窗口中，单击“准直”取消傅立叶变换红外光谱仪用户快速指南；仪器开始自动准直，软件左下角显示准直进行状态；点击“中心点”，可以放大干涉图中心部位；检查峰强度应该小于 10。如果峰出现平头，峰强超过 10，表明光强度太高，检测器已经饱和，需要加衰减片或提高分辨率，把光强度降下来，使检测器处于正常工作状态。

校验光谱仪：点击“Auto Sensitivity”来校验增益半径（GRR）电路和增益放大系统；当进行校验的时候，状态栏会显示校验状态；当状态栏显示校验完成，点击“确定”键，保存准直和校验的结果。

（3）采集背景光谱：采集背景的目的是消除仪器及环境对样品光谱的影响，每个样品光谱都需要背景光谱。可以选择以前采集的背景，在“光谱采集/常规光谱扫描/光谱采集方法总览/背景光谱扫描/高级/已存在背景/选择”选择以前保存好的背景文件。

如果不是选择以前的背景，需要在采集样品光谱前先扫描背景，建议每个样品都分别扫描背景。设置好背景采集参数后，点击“背景光谱”进行背景扫描。采集完背景，会自动弹出保存图框，提示保存背景文件。取好背景的名字，点击“保存”存储背景光谱。点击“保存”后，会直接在图框中显示采集到的背景谱图。

(4)采集样品光谱：以随机配置的聚苯乙烯膜作为样品，来进行红外透射实验。

打开样品仓，把聚苯乙烯(英文简称：PS)膜放在样品架上，仪器随机带有一个透射样品架。点击“光谱采集/常规光谱扫描”按钮，设置好采集参数后，单击“样品光谱扫描”，开始进行样品光谱采集，软件显示采集状态。采集完成后，谱图和背景同时在一个文件中。可以把“名称”里面文件名修改成样品的名字，以便于记忆，比如这个例子把“名称”改成“PS standard”，保存样品光谱。为了便于使用，建议用有代表性的文件名对光谱进行保存，点击“文件/另存为”进行命名、保存。

5. 光谱数据处理

几乎所有的光谱处理功能都集中在“光谱变换”和“光谱分析”里面。“光谱变换”菜单里集中了光谱转化和运算功能；“光谱分析”中是光谱的标峰、定量和检索功能。

(1)光谱显示：观察光谱最常用的操作就是对光谱进行放大。可以使用两种方式对光谱进行放大：

第一种放大方法是用雷达图(Radar Box)进行放大或采用光标直接在光谱上画出放大区域。雷达图位于左下角，显示整张谱图。在雷达图中被方框选中的区域，在主显示区域进行放大显示。

第二种放大方法是直接使用光标拖动：在需要放大的区域，点住鼠标左键；把该区域拉进光栏；放开左键，即可实现对光谱的放大；要恢复到原来光谱，可以点击快捷图标。

(2)光谱差减：对于两张光谱的比较或多种成分分析，需要采用光谱相减来发现差异或消除某种光谱的影响。下面使用 Polystyrene. bsp 和 Polystyrene1. bsp 两个文件进行差减演示：使用“文件”→“关闭”关闭所有光谱文件；使用“文件”→“打开”来选择打开文件；选中文件，该文件将被作为被减数；选择“光谱变换”中的“光谱差减”；弹出“定义参考光谱”文件选择框，选择一个光谱作为减数；可以通过调节“差减因子”来调节差减效果；在“光谱差减结果”中实时显示结果，当调节到合适的差减数值后，点击“应用”完成差减过程。注：如果选中“添加光谱”，点击“应用”后，相减的结果将和原光谱共存。但如果选中“替代原光谱”，点击“应用”后，相减的结果将覆盖原光谱。

(3)标峰：打开“光谱分析”→“标峰”菜单；出现“标峰”对话栏：改动这个值(1 是最低的灵敏度，也就是说只标出较大的峰，忽略小峰，灵敏度的最大值为 8)，点击“确定”，在主光谱显示区域中就显示出光谱中主要峰的标识。定义标峰的具体参数，默认是标出峰的位置和峰面积。

(4)基线校正：基线校正是要对吸收图进行操作。如果是透射图，在做基线校正之前，要把其转化成吸收图。使用“光谱变换”里面的“吸收光谱”转化为吸收图。点击“光谱变换”中的“基线校正”，出现基线校正图框。分为上下两个图框，上图框是原光谱，下图框是校正后的光谱。

(5)光谱打印：

直接打印：可以点击“文件”菜单下的“打印”直接打印当前谱图。

选用打印模板打印：打印模板可以按各自的打印要求进行编辑，模板保存后可以在后续的应用中进行调用。

6. 数据导出

可以把采集到的光谱输出，以便使用其他软件进行处理。在光谱栏内选中要导出的光谱；选择“文件/导出光谱”进行光谱导出操作；可以导出的格式有 GRAM、ASCII 等。其中 ASCII 格式可以用 Excel 打开、编辑。

3.4.1.4 红外制样技术

红外分析中，透射分析是最为传统的分析手段。在此对透射分析的常用制样手段进行讨论。

(1)溴化钾压片：

①称量 1～2mg 样品，放入玛瑙研钵，先做稍微研磨；再放入干燥溴化钾的量为100～200mg。溴化钾必须采用干燥的光谱纯。压片操作最好在红外灯下进行，避免在样品处理的过程中吸收空气中的水分。

②使用玛瑙研钵进行研磨，直到样品的颗粒足够小并均匀地分布到溴化钾中。对于坚硬的晶体样品，用手研磨比较困难，可以采用研磨器或低温研磨附件。

③组装压片模具，先在底部放入一片压头，光面向上。

④把样品倒入模具，可以轻微抖动模具，以使样品均匀地散布到底面压头上。

⑤把上压头放入模具，光面朝下，压上压杆。

⑥把模具放入压片机，检查放的位置是否平整。在压片时最好边抽真空(2～5mm 汞柱)边压制，以便抽出粉末间的空气，否则压制成的锭片容易吸水而变为不透明，且易破裂。如果需要抽掉空气，可以接上真空泵，对模具进行抽真空，时间约为 2min。

⑦对油压机上压力，13mm 的片子，使用的压力一般为 7～10t/cm^2。不同的片子规格，使用的压力不同，具体参数可以参考模具的说明书。

⑧保持近 1min 后，缓慢地泄掉压力。取出模具，进行退模，以取出片子。溴化钾对钢制模具表面的腐蚀性很大，模具用过后必须及时清洗干净，然后保存在干燥的环境中。

⑨检查片子是否为半透明，样品是否均匀地分布在片子中。

⑩把片子放入样品架，再把样品架放入样品仓中，进行测量。

(2)糊状法：对于一些不能用 KBr 压片的样品，可以采用糊状法进行制样。糊状法是由研细的固体粉末和少量氟化煤油或矿物油(如液体石蜡)调和而成。氟化煤油在 4000～1300cm^{-1}区域是红外透明的，液体石蜡适用于 1300～50cm^{-1}范围，氟化煤油和石蜡油的光谱也可由差谱方法或在参比光路上补偿除去。

(3)薄膜法：固体样品制成薄膜进行测定可以避免基质或溶剂对样品光谱的干扰，薄膜的厚度为10～30μm，且厚薄均匀。薄膜法主要用于聚合物测定，对于一些低熔点的低分子化合物也可应用。薄膜法有以下三种。

①熔融涂膜：适用于一些低熔点、熔融时不分解、不产生化学变化的样品。

②热压成膜：对于热塑性聚合物或在软化点附近不发生化学变化的塑性无机物，可将样品放在模具中加热至软化点以上或熔融后再加压力压成厚度合适的薄膜。

③溶液铸膜：将样品溶解于适当的溶剂中，然后将溶液滴在盐片、玻璃板、平面塑料板、金属板、水面上或水银面上，使溶剂挥发掉就可以得到薄膜。

3.4.2 iCAN9 型傅立叶变换红外光谱仪

iCAN9 型傅立叶变换红外光谱仪的使用方法如下。

(1)按仪器后侧的电源开关，开启仪器，通电后，开始一个自检过程，约 30s。仪器通电后至少要等待 15min，等电子部分和光源稳定后，才能进行测量。

(2)开启电脑，运行操作软件。检查电脑与仪器主机通信是否正常。

(3)红外光谱仪需在每天使用前进行校正，检查仪器工作是否正常，若不正常需要查找原因并进行相应的处理，正常后方可进行测量。

单击“采集”菜单下的“实验设置”，选择“诊断”，观察各项是否正常(不正常图标上会出现红色“×”)，各项正常后，选择“光学台”，在光学台窗格中观察增益值，确保增益值在可接受的范围内，如不在此范围内，则需要调整仪器。

(4)仪器稳定后，进行测量。

(5)测量步骤。

①准备样品。用溴化钾制成空白片以空气作参比，录制谱图，基线应大于75%，透光率除在 $3440cm^{-1}$及 $1630cm^{-1}$附近因残留或附着水而呈现吸收峰外，其他区域不应出现大于基线 3%透光率的吸收谱带。

每次做样取适量的溴化钾于称量瓶中，在红外灯下烘 1h 或在恒温 105℃下烘 3h，取出后置干燥器中待用。

溴化钾压片法：取供试品约 0.3mg(预先在红外灯下烘 1h 或在恒温 105℃下干燥 3h，特殊供试品需用其他方法进行干燥)，置玛瑙研钵中，加入干燥的溴化钾(溴化钾与供试品的比例应按照具体要求进行混合)，充分研磨混匀(向同一方向研磨)，移置于模具中，使分布均匀，把模具水平放置于压片机座上，加压至 $10t/cm^2$，保持 3min(压力大小与保持时间应根据实际需要进行调整)，取出供试片，目视检查应均匀、表面平滑、透光好。

糊糊法：取干燥供试品约 15mg，置玛瑙研钵中，向同一方向研磨。用滴管滴加相当量的石蜡油，混合研匀成糊状，用不锈钢小铲取出均匀地涂在溴化钾窗片上，放上另一窗片压紧。

②根据供试品的实验要求，设置实验参数。

单击菜单项“实验设置”，估算出采集所需要的时间。根据需要更改采集次数，采集次数越多，则扫描时间越长，采集次数越少，则扫描时间越短。采集次数的多少会对采集到的谱图的效果产生一定的影响，用户应该根据实际需要设定采集次数。

分辨率是对所要采集谱线的 x 轴的数据间隔进行选择，软件系统提供 $1cm^{-1}$、$2cm^{-1}$、$4cm^{-1}$、$8cm^{-1}$、$16cm^{-1}$和 $32cm^{-1}$六种选项，其中 $1cm^{-1}$数据间隔最小，数据点数最多，“$32cm^{-1}$”数据间隔最大。分辨率的大小会影响采集谱线的效果，数据间隔越小，采集到的谱线效果越好，相应的采集时间越长；反之谱线效果越差，相应的采集时间越短。

软件系统提供干涉图、单光束、透过率、吸光度和反射率五种格式，根据实际需要选择相应的 y 轴格式。

“背景光谱管理”栏提供采集样品前采集背景、采集样品后采集背景、背景使用时间和使用背景文件四种方案，根据实际需要进行选择。

光学台：主要功能是提供查看光学台增益以及修改某些参数的可视化平台。显示当前干涉图的最大值、最小值和峰的位置(图 3.3)。

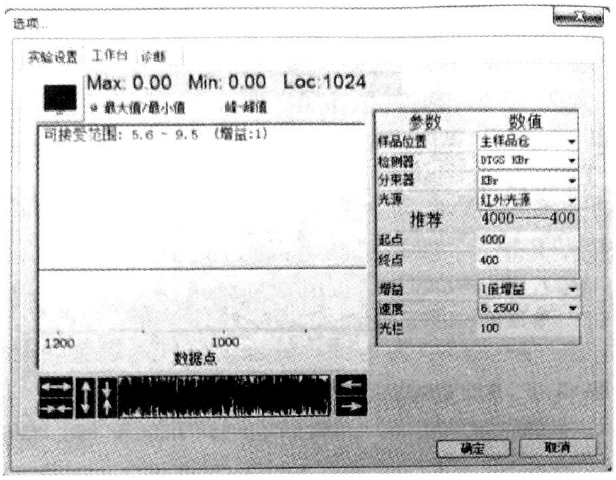

图 3.3　光学台

可以通过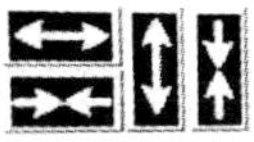和按钮来分别控制光学台窗格中干涉图的放大、缩小、左移和右移。

“样品位置”是指在采集样品时需要将样品放入仪器中的位置，默认为主样品仓。“检测器”是指仪器的检测器，默认为 DTGSKBr。“分束器”是指仪器的分束器，默认为 KBr。“光源”是指仪器所用光源，默认为红外光源。

“范围起点”和“范围终点”分别代表需要采集样品的范围。

“增益”中有“自动增益”“增益 =1”和“增益 =4”三个选项，根据实际情况进行选择。

③采集背景：单击“采集”菜单下的“采集背景”，出现采集背景提示框，把样品从样品室中取出，将空白片插进去，单击“确定”，开始采集背景。

④采集样品：单击“采集”菜单下的“采集样品”，出现采集样品提示框，把空白片从样品室中取出，将样品插进去。单击“确定”，开始采集样品。

⑤采集结束后，计算机会自动扣除背景，最后光谱窗上显示样品的红外吸收光谱图。

⑥对该谱图进行相应的数据处理。

隐藏谱图：将所选择的谱图隐藏起来。隐藏后用户可以在“标题框”中选择相应的标题，将此谱图重新显示出来。

满刻度显示：将所选择的谱图以最大范围在坐标轴上显示。

显示范围：用户可以通过此选项来更改所选谱图的坐标轴范围。

自动满刻度：此选项选中后，每打开一张新的谱图，软件系统都会以当前谱图的最大范围在坐标轴上显示。

“数据处理”菜单：

吸光度：将用户所选择的谱线以“吸光度”的格式显示。

透过率：将用户所选择的谱线以“透过率”的格式显示。

其他转换：将所选择的谱线转换为相应的格式显示。

自动基线校正：自动对所选择的谱线进行基线校正。

生成直线：从所选择部分的谱线起点到终点生成一条直线，以便去除某些杂质峰影响(如二氧化碳产生的干扰峰)。此操作是不可逆的，一旦将某些杂质峰直线化了，不能再恢复。

差谱：此选项必须选择两条谱线，并且保证两条谱线 y 轴格式为吸光度。

谱图相加：选择两条谱线，并且保证两条谱线 y 轴格式为吸光度。

乘谱图：将所选择的谱图乘以一个系数，把结果放入当前窗口中。

平滑：将所选择的谱图进行平滑算法。可以选择“五点三次平滑”或“七点五次平滑”两种平滑算法。选择后单击确定，即可将平滑后的结果放入当前窗口中。

标峰：此选项是对用户所选谱线进行标峰处理。软件系统会自动以标志线为基准，自动标注吸收峰。可以通过更改标峰窗口左侧的灵敏度滑块来改变软件系统对吸收峰的判断。

谱图检索设置：直接点击“检索”，将检索程序中的当前谱图，检索结果将列在“检索结果”列表中，勾上每一检索结果项，则该检索项所对应的谱图将显示在当前页面中，去掉前面的钩，所对应的谱图将隐藏。

基础红外解析：此选项用于分析样品谱图中所包含的特征峰信息，包括官能团、化学键以及特征峰的位置。在右边有几个滑动条可以调节解析的灵敏度。上面那个滑动条用于调节解析灵敏度，其数值设置得越小，灵敏度越大，对于那些微小的肩峰和重叠峰都能够被解析。下面那个滑动条用于调节峰识别灵敏度，其数值设置得越小，灵敏度越大，对于那些强度很弱的峰都能够被识别。如果调节了这些灵敏度设置，点击“刷新”，即可重新对谱图进行基础解析。

(6)关机步骤：退出 iCAN9 软件；按仪器后侧电源开关，关闭仪器；移走样品仓中的样品，确保样品仓清洁；清洁光谱仪和模具；关闭计算机；做好仪器使用记录；从电源插座上拔下电源线。

3.4.3 FTIR－8400 型傅立叶变换红外光谱仪

FTIR－8400 型傅立叶变换红外光谱仪采用空冷式新型高辉度陶瓷光源，结构简单、性能稳定且使用寿命长，可以实现有机物的定性和定量分析(图 3.4)。其特点为：①高分辨率(0.85cm^{-1})、高灵敏度，信噪比为20000：1。②稳定的干涉仪系统：采用稳定的无磨损的动镜驱动系统FJS机构，同时结合ADA机构，使干涉仪的状态达到最优化与稳定化。预热时间短，测定状态稳定。另外即使在更换分束器时，也可自动地调整干涉信号至最佳状态。③干涉仪窗板采用KRS-5材质，与普通的KBr窗板相比，具有极佳的防潮性能。另外，干涉仪采取密封措施，内置硅胶干燥剂。④灵活的扩展性能，可以外接ATR、漫反射、镜反射附件，另外还可以与红外显微镜外接。⑤强大的中英文双语操作软件，功能强大，操作简单方便。具有光谱测定、数据显示和谱图比较、数据处理和定量分析、光谱检索、报告打印等功能。支持GLP/GMP和FDA Part11。此外还可选配PLS定量、宏指令程序等丰富的应用程序。

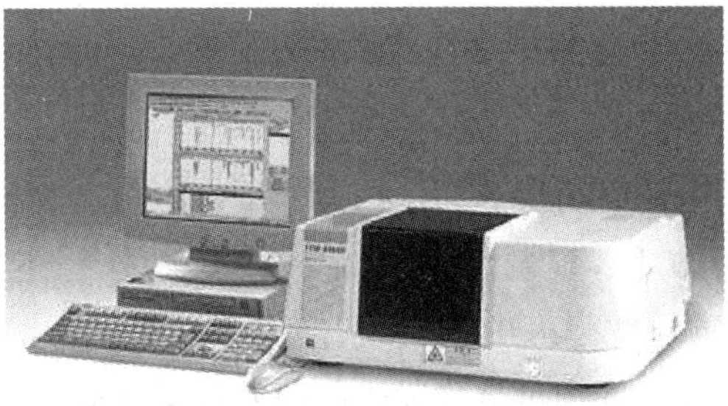

图3.4　FTIR-8400型傅立叶变换红外光谱仪

3.4.3.1　仪器工作原理

傅立叶变换红外光谱仪主要由光源(硅碳棒、高压汞灯)、Michelson干涉仪、检测器、计算机和记录仪组成。核心部分为Michelson干涉仪，它将光源来的信号以干涉图的形式送往计算机进行傅立叶变换的数学处理，最后将干涉图还原成谱图(图3.5)。

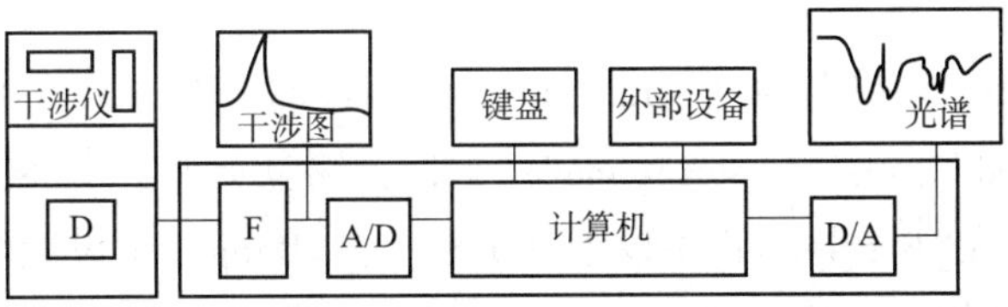

图3.5　傅立叶变换红外光谱仪工作原理

仪器中的干涉仪的作用是将光源发出的光分成两束后，再以不同的光程差重新组合，发生干涉现象。当两束光的光程差为$\lambda/2$的偶数倍时，则落在检测器上的相干光相互叠加，产生明线，其相干光强度有极大值；相反，当两束光的光程差为$\lambda/2$的奇数倍时，则落在检测器上的相干光相互抵消，产生暗线，相干光强度有极小值。由于多色光的干涉图等于所有各单色光干涉图的加和，故得到的是具有中心极大并向两边迅速衰减的对称干涉图。干涉图包含光源的全部频率和与该频率相对应的强度信息，所以如有一个有红外吸收的样品放在干涉仪的光路中，由于样品能吸收特征波数的能量，结果所得到的干涉图强度曲线就会相应地产生一些变化。包括每个频率强度信息的干涉图，可借助数学上傅立叶变换技术对每个频率的光强进行计算，从而得到吸收强度或透过率和波数变化的普通谱图。

3.4.3.2 傅立叶变换红外光谱仪的特点

1. 扫描速度极快

傅立叶变换红外光谱仪是在整扫描时间内同时测定所有频率的信息，一般只要1s左右即可。因此，它可用于测定不稳定物质的红外吸收光谱。而色散型红外光谱仪在任何一瞬间只能观测一个很窄的频率范围，一次完整扫描通常需要8s、15s、30s等。

2. 具有很高的分辨率

通常傅立叶变换红外光谱仪分辨率达0.1～0.005cm^{-1}，而一般棱镜型红外光谱仪分辨率在1000cm^{-1}处有3cm^{-1}，光栅型红外光谱仪分辨率也只有0.2cm^{-1}。

3. 灵敏度高

因傅立叶变换红外光谱仪不用狭缝和单色器，反射镜面又大，故能量损失小，到达检测器的能量大，可检测10^{-8}g数量级的样品。除此之外，还有光谱范围宽（1000～10cm^{-1}）；测量精度高，重复性可达0.1%；杂散光干扰小；样品不受因红外聚焦而产生的热效应的影响；特别适合与气相色谱仪联机或研究化学反应机理等特点。

3.4.3.3 仪器使用方法

1. 开机

打开控制箱电源，打开计算机电源。单击“Start”键，从“Program”菜单中选择“Shimadzu”项，单击该项下的“HYPER－IR1.57”，即会出现“About Shimadzu HYPER－IR”窗口，再单击“OK”按钮，进入“HYPER－IR”窗口，可进行各项操作。

2. 扫描样品

单击“HYPER－IR”菜单上的“Instrument”，设备名称“FTIR－8400”会出现在下拉菜单上，单击“FTIR－8400”。在“Measuring mode”中设置测量类型：干涉图、能量图、透射图和吸收图任选其一；在“Resolution”中设置分辨率；在“Range”中设置测量的波数范围和扫描次数；单击“Select”键，出现“Select or Enter Filename”对话框，选择合适的路径后，在“Name”文本框中写入待测谱图的文件名，不超过8个字符。在“Text”文本框中可以加入必要的说明。

单击此窗口下的“BKG Start”，进行本底扫描。插入样品，双击“FTIR－8400”图标，单击“Sample Start”，即可进行样品扫描。扫描完毕后，将自动按照选择的途径和输入的文件名存盘。

3. 一些常用的指令

打开谱图：单击主菜单“File”，从下拉菜单中选择“Open”，出现“Select or Enter File Name”对话框。单击“Drives”列表框右侧向下的箭头，选择谱图文件所属的驱动器；再从“Directories”列表中选择目录并双击。此时“File Name”列表框中会出现该目录下的所有文件，单击所要打开的文件，并单击“OK”按钮。

放大谱图：按下鼠标左键拖曳产生一个方框，到合适的大小后放开左键，放大的谱图范围就定义好了。用左键拖曳方框到需要放大的部位，松开左键，方框内的部分就被放大成整张谱图大小。在已放大的谱图的任意位置双击右键，谱图即恢复原状。

储存谱图：单击“File”主菜单下的“Save”或“Save As”项，选择正确的路径并在“File Name”文本框中输入文件名，单击“OK”键。

吸收谱-透射谱的转换：单击“Cale”主菜单下的“Abs Tra”项。

改变坐标：单击“Cale”主菜单下的“Cut”，然后输入波数的最大值和最小值。

消除 CO_2 峰：单击“Cale”主菜单下的“Connect”，在相应位置输入 CO_2 峰的左右边界，即可消除 CO_2 峰。

最小化谱图：单击“Windows”下的“Minimize All”。

恢复最小化的谱图：单击“Windows”下的“Restore All”。

拆分谱图：单击“Windows”下的“Split”，即可将谱图重叠显示在一个窗口中。

显示叠图：单击“Windows”下的“Joinvisible”，即可将多张谱图显示在一个窗口中。

光标显示：在活动窗口中，鼠标的位置显示在左下角的状态栏中。可用鼠标直接读出峰的波数。

基线校正：单击“Cale”菜单下的“Baseline”项，出现基线校正窗口，左边是对话框，右上部分是校正后的结果。单击“Cursor”，利用光标在需要成为基线的波数上点击，可以选择多个点。选择完毕后，单击“Recalculate”。如有不需要的点，从“List”中选中后，按“Delete”键删除。

4. 峰分析

激活待分析的谱图，单击“Calc”主菜单下的“Peak Table”项，峰分析结果示于“Peak Selection”对话框。如需看到图形显示，单击“Zoom”按钮，出现谱图，各峰波数就标在峰的旁边。单击鼠标右键回到“Peak Selection”对话框。

对于透射谱，缺省的临界值为80%，即透过率小于80%的峰入选。对于吸收谱，吸收大于0.5(缺省值)的峰入选。因此，为了将入选峰数增加，则可加大透射的临界值或减小吸收的临界值。为了选入小峰，可将“Noise Level”减小。改变参数后，单击“Recalculate”，则谱图的峰得到重新计算。如果对计算结果满意，可以单击“OK”键，出现存图对话框，键入文件名后存图。

5. 差谱、加谱、乘谱

差谱：①打开被差减谱图和待减去的谱图。②单击“Ext Calc”下的“Graph Subtract”项，出现“Object Mathematics”对话框。③从“Source”列表中选择被减谱图，从“Reference”列表中选择待减去的谱图，单击“OK”键，在窗口的上半部分显示出原谱图，下半部显示出差减结果。④在下半部图中单击“Auto Calc”键，出现光标线，移动到负峰最大的地方单击左键，则左边表中出现新的“Factor”值，谱图重新得到计算，结果仍然显示在下半部分。⑤重复步骤④直至结果满意为止。⑥单击“OK”键结束减谱。

加谱：①打开谱图。②单击“Calc”菜单下的“Add Const”，输入常数后单击“OK”，即可将谱图的基线整体上移，移动的大小等于输入的常数。

乘数：①打开谱图。②单击“Calc”菜单下的“Multiply Fact”，输入常数后单击“OK”，谱图乘以输入的常数后被放大(缩小)。

6. 检索

激活未知谱图，单击“Search”菜单下的“Parameter”，定义使用的库和检索范围及权重，然后单击“Search”开始检索，出现检索结果窗口。上半部分是未知谱图和匹配度最高的谱图的重叠，下半部分是检索报告，罗列了30张谱图，按相似程度从高到低排列。如果想要观看其他检索谱图，可选中该谱图(一张或多张)，然后单击右键。

7. 定量分析

根据朗伯－比尔定律，FTIR根据公式进行定量分析。共有四种定量方法：一点校正曲线法、多点校正曲线法、多点回归分析和PLS分析。

一点校正曲线法：①打开标准谱图和待测谱图。②单击“Quant”菜单下的“Concentration”项。出现“Qualitative Evaluation of Concentration”窗口。在“Reference Data Set”中选择标准谱图，在“Evaluated Data Set”中选择未知谱图，在“Reference Concentration/Unit”项下分别输入含量和单位。单击“Range”按钮，出现“Zoom Selection”对话框。单击“Cursor”，此对话框关闭，鼠标出现在谱图窗口中。在选定峰的前后基线上单击鼠标，“Zoom Selection”对话框重新出现，“Resident Range List”中即出现了刚定义的分析范围。如果有其他的无用的范围定义，可先点击“Delete”键删去。如此范围还将用于以后分析，可单击“Save”并输入名称以保存。③单击所选定的范围，单击“Use”，即回到第一个窗口，计算结果也得到显示。单击“Report”，此时分析结果写入缩小的“HYPER－IR Report”窗口。单击此窗口可看到结果。

多点校正曲线法：①同样打开多个标准谱图，单击“Quant”下的“MPCalibration”。在出现的“Multipoint Calibration”对话框中，用“Range”设置波数范围。单击“Add”将标准谱图加入对话框中，标准谱图数在2～10。②单击每个标准谱图，输入其含量。在“Correction”中选择“On”以进行基线校正。在“Evaluation”中选择用峰面积定量还是峰高定量。在“Options”中选择校正曲线的类型。单击“Calibrate”以产生校正曲线，单击“Graph”即可看到这条曲线。如要保存该曲线，单击“Save”，输入文件名即可。③打开待测谱图，选择“Quant”下的“MPAnalyze”项，选择校正曲线文件名，单击“OK”，计算结果即显示在窗口中。

8. 打印报告

激活要打印的谱图，单击“File”下的“Print”命令，出现“Report Generating Frame”窗口，用页面工具改变纸张大小和打印方向，用边框工具改变图形和文本区的位置和大小，单击“Print”打印报告。

9. 关机

从“File”主菜单中选择“Exit”退出程序，从屏幕左下角的“Start”菜单中选择“Shut Down”，出现安全关机提示，关闭计算机电源，关闭控制箱电源。

第 4 章　荧光分光光度法

4.1　概述

当紫外光照射到某些物质的时候，这些物质会发射出各种颜色和不同强度的可见光，而当紫外光停止照射时，所发射的光线也随之很快地消失，这种光线被称为荧光。

固定荧光的发射波长而不断改变激发光的波长，并记录相应的荧光强度，所得到的荧光强度对激发波长的图，称为荧光的激发光谱，简称激发光谱。如果使激发光的波长和强度保持不变，而不断改变荧光的测定波长及发射波长，并记录相应的荧光强度，所得到的荧光强度对发射波长的谱图，则为荧光的发射光谱，简称发射光谱。激发光谱反映了在某一固定的发射波长下所测量的荧光强度对激发波长的依赖关系，发射光谱反映了在某一固定的激发波长下所测量的荧光的波长分布。激发光谱和发射光谱可用于鉴别荧光物质，并可作为进行荧光测定时选择合适的激发波长和测定波长的依据。

荧光分析法的优点：灵敏度高，选择性好，动态线性范围宽，方法简便，重现性好，取样量少，仪器设备不复杂。荧光分析法具有很高的灵敏度，一般比分光光度法高两到三个数量级。在荧光分析中是由所测得的荧光强度来测定试样溶液中荧光物质的含量。而荧光强度的测定值不仅和被测溶液中荧光物质的性质及其浓度有关，而且与激发光的波长和强度以及荧光检测器的灵敏度有关。加大激发光的强度可以增大荧光强度，从而提高分析的灵敏度。

4.2　荧光分光光度法原理

常温下处于基态的分子吸收一定的紫外可见光的辐射能成为激发态分子，激发态分子通过无辐射跃迁至第一激发态的最低振动能级，再以辐射跃迁的形式回到基态，发出比吸收光波长长的光而产生荧光。

荧光是光致发光。任何荧光物质都具有激发光谱和发射光谱，发射波长总是大于激发波长。荧光激发光谱是通过测定荧光体的发光通量随波长变化而获得的光谱，反映不同波长激发光引起荧光的相对效率。荧光发射光谱是当荧光物质在固定的激发光源照射后所产生的分子荧光，是荧光强度对发射波长的关系曲线，表示在所发射的荧光中各种波长相对强度。由于各种不同的荧光物质有它们各自特定的荧光发射波长，可用它来鉴定荧光物质。有些发荧光的物质其荧光强度与物质的浓度成正比，故可用荧光分光光度法测定其含量。

荧光是物质在吸光之后所发射的辐射，因而溶液的荧光强度(I_f)与该溶液吸收的光强度(I_a)及该物质的荧光量子产率(Y_f)有关，即：

$$I_f = Y_f I_a \tag{4.1}$$

而吸收的光强度等于入射的光强度(I_0)减去透射的光强度(I_t)

$$I_f = Y_f(I_0 - I_t) = Y_f I_0 (1 - I_t/I_0) \tag{4.2}$$

从朗伯－比尔定律可知$\frac{I_t}{I_0} = e^{-abc}$，因此：

$$I_f = Y_f I_0 (1 - e^{-abc}) \tag{4.3}$$

而e^{-abc}可以表示为：

$$e^{-abc} = 1 - abc + (abc)^2/2! - (abc)^2/3! + (abc)^2/4! - \cdots \tag{4.4}$$

当abc非常小($\ll 0.05$)时，$e^{-abc} \approx 1 - abc$，代入式(4.3)得：

$$I_f = Y_f I_0 abc \tag{4.5}$$

当用摩尔吸光系数ε代替a时：

$$I_f = 2.303 Y_f I_0 \varepsilon bc \tag{4.6}$$

由式(4.6)可知，对于某种荧光物质的稀溶液，在一定的频率及强度的激发光照射下，当溶液的浓度足够小使得对激发光的吸光度很低时，所测溶液的荧光强度才与该荧光物质的浓度成正比。然而，如果$\varepsilon bc \geqslant 0.05$时，则荧光强度和溶液的浓度不成线性关系，此时应考虑幂级数中的二次方项甚至三次方项。

4.3 实验部分

4.3.1 荧光分光光度法测定 VB_2 含量

4.3.1.1 实验目的

(1)掌握荧光分光光度法的原理及应用范围。

(2)掌握荧光分光光度计的基本构造及工作原理。

4.3.1.2 实验原理

激发光谱：固定测量波长(选最大发射波长)，化合物发射的荧光强度与激发波长的关系曲线。激发光谱曲线的最高处，处于激发态的分子最多，荧光强度最大。发射光谱：固定激发波长(选最大激发波长)，化合物发射的荧光强度与发射波长的关系曲线。固定发射波长进行激发波长扫描，找出最大激发波长，然后固定激发波长进行荧光发射波长扫描，找出最大荧光发射波长。

VB_2 是橘黄色无臭的针状结晶，易溶于水而不溶于乙醚等有机溶剂，在中性或酸性溶液中稳定，光照易分解，对热稳定。VB_2 溶液在 430 ~ 440nm 蓝光的照射下，发出绿色荧光，荧光峰在 535nm。VB_2 在 pH = 6 ~ 7 的溶液中荧光强度最大，在 pH = 11 的碱性溶液中荧光消失。VB_2 在碱性溶液中经光线照射会发生分解而转化为光黄素，光黄素的荧光比核黄素的荧光强得多，故测 VB_2 的荧光时溶液要控制在酸性范围内，且在避光条件下进行。

在稀溶液中，荧光强度 F 与物质的浓度 c 有以下关系：

$$F = 2.303 \Phi I_0 \varepsilon bc \tag{4.7}$$

当实验条件一定时，荧光强度与荧光物质的浓度成线性关系：

$$F = Kc \tag{4.8}$$

4.3.1.3 实验试剂与仪器

荧光分光光度计；5mL 吸量管 1 个，2mL 吸量管 1 个，50mL 容量瓶 6 个，100mL 容量瓶 1 个。

10.0μg · mL^{-1} VB_2 标准溶液；VB_2 试样。

4.3.1.4 实验步骤

1. 标准系列溶液的配制

准确移取 10.0μg · mL^{-1} VB_2 标准溶液 1.00mL、2.00mL、3.00mL、4.00mL、5.00mL 分别置于 25mL 的容量瓶中，标定，摇匀。

2. 样品溶液的配制

准确移取 2.00mL 待测溶液于 50mL 的容量瓶中，标定，摇匀。

3. 激发光谱和发射光谱的绘制

激发光谱：设置发射波长 λ_{em} = 530nm，在 250 ~ 500nm 范围内扫描荧光强度和激发波长的关系曲线，便得到激发光谱。记录最大激发波长。

发射光谱：设置 λ_{ex} 为上述实验找到的最大激发波长，在 400 ~ 600nm 范围内扫描荧光强度与发射波长间的关系曲线，便得到发射光谱。从发射光谱上找出最大的发射波长 λ_{em} 和荧光强度。

4. 标准溶液的荧光测定

在上述实验找到的最大激发波长和发射波长下，测量标准系列溶液的荧光发射强度。参数设置和仪器使用见“4.4 仪器部分”。

5. 样品的荧光测定

在上述实验找到的最大激发波长和荧光发射波长下，测量未知溶液的荧光强度，并由标准曲线确定未知试样中 VB_2 的浓度。参数设置和仪器使用同“标准溶液的荧光测定”。

4.3.1.5 实验数据记录与处理

1. 激发波长__________，发射波长__________。

2. 标准曲线的绘制

浓度/ $\mu g \cdot mL^{-1}$	荧光强度			
	1	2	3	平均
0.4				
0.8				
1.2				
1.6				
2.0				

回归方程为________________；相关系数__________。

3. 未知样品浓度的测定

根据待测液的荧光强度，从标准曲线上求得其浓度，计算出试样中 VB_2 的含量。

测定次数	1	2	3
荧光强度			
VB_2 含量/$\mu g \cdot mL^{-1}$			
VB_2 平均含量/$\mu g \cdot mL^{-1}$			
相对平均偏差			

4.3.1.6 思考题

试解释荧光分光光度法较吸收光谱法灵敏度高的原因。

4.3.1.7 实验注意事项

(1)使用荧光分光光度计时，要按照仪器使用规定使用，不可随意操作。

(2)使用石英比色皿时，要注意勿用手直接触摸比色皿表面，应握住侧棱。

4.3.2 荧光分光光度法测定邻－羟基苯甲酸和间－羟基苯甲酸的含量

4.3.2.1 实验目的

(1)掌握荧光分光光度法的基本原理。

(2)掌握荧光分光光度法进行多组分含量测定的方法。

4.3.2.2 实验原理

邻－羟基苯甲酸(亦称水杨酸)和间－羟基苯甲酸分子组成相同，均含一个能发射荧光的苯环，但因其取代基的位置不同而具有不同的荧光性质。在 pH = 12 的碱性溶液中，两者在 310nm 附近紫外光的激发下均会发射荧光；在 pH = 5.5 的近中性溶液中，间－羟基苯甲酸不发射荧光，邻－羟基苯甲酸由于分子内形成氢键增加了分子刚性而有较强的荧光，且荧光强度与 pH＝12 时相同。利用这一性质，可在 pH＝5.5 测定两者混合物中邻－羟基苯甲酸的含量，间－羟基苯甲酸不干扰。另取同样量的混合物溶液，测定 pH＝12 的荧光强度，减去 pH＝5.5 时测得的邻－羟基苯甲酸的荧光强度，即可求出间－羟基苯甲酸的含量。

4.3.2.3 实验仪器及试剂

荧光分光光度计；10mL 比色管；吸量管。

邻－羟基苯甲酸标准溶液：$60\mu g \cdot mL^{-1}$；间－羟基苯甲酸标准溶液：$60\mu g \cdot mL^{-1}$；NaOH 水溶液：$0.1mol \cdot L^{-1}$；pH＝5.5 的 HAc－NaAc 缓冲溶液：47g NaAc 和 6g 冰醋酸溶于水并稀释至 1L 即得。

4.3.2.4 实验步骤

1. 标准系列溶液的配制

(1)分别准确移取 0.40mL、0.80mL、1.20mL、1.60mL、2.00mL 邻－羟基苯甲酸标准溶液于已编号的 10mL 比色管中，各加入 1.0mL pH＝5.5 的 HAc－NaAc 缓冲溶液，以蒸馏水稀释至刻度，摇匀。

(2)分别准确移取 0.40mL、0.80mL、1.20mL、1.60mL、2.00mL 间－羟基苯甲酸标准溶液于已编号的 10mL 比色管中，各加入 1.2mL $0.1mol \cdot L^{-1}$的 NaOH 水溶液，以蒸馏水稀释至刻度，摇匀。

(3)取 2 份未知溶液 2.0mL 分别于 10mL 比色管中，其中一份加入 1.0mL pH＝5.5 的 HAc－NaAc 缓冲溶液，另一份加入 1.2mL $0.1mol \cdot L^{-1}$的 NaOH 水溶液，以蒸馏水稀释至刻度，摇匀。

2. 荧光激发光谱和发射光谱的测定

分别测定邻－羟基苯甲酸标准溶液和间－羟基苯甲酸标准溶液的激发光谱和发射光谱，先固定发射波长为 400nm，在 250～350nm 区间进行激发波长扫描，获得溶液的激发光谱和荧光最大激发波长 λ_{ex}；再固定激发波长 λ_{ex}，在 350～500nm 区间进行发射波长扫描，获得溶液的发射光谱和荧光最大发射波长 λ_{em}。此时，在激发波长 λ_{ex}处和发射波长 λ_{em}处的荧光强度应基本相同。

3. 荧光强度测定

根据上述激发光谱和发射光谱扫描结果，确定一组波长(λ_{ex}和 λ_{em})，使之对二组分都有较高的灵敏度，并在此组波长下测定前述标准系列溶液和未知溶液的荧光强度。

4.3.2.5 实验数据记录及处理

以各标准溶液的荧光强度 F 为纵坐标，分别以邻－羟基苯甲酸或间－羟基苯甲酸的浓

度 c 为横坐标制作工作曲线。根据 pH =5.5 的未知溶液的荧光强度，可以从邻－羟基苯甲酸的工作曲线上确定邻－羟基苯甲酸在未知溶液中的浓度；根据 pH =12 时未知溶液的荧光强度与 pH =5.5 时未知溶液的荧光强度的差值，可从间－羟基苯甲酸的工作曲线上确定未知溶液中间－羟基苯甲酸的浓度。

4.3.2.6 思考题

(1) λ_{ex}^{max}、λ_{em}^{max}各代表什么？为什么对某种组分其 λ_{ex}^{max} 和 λ_{em}^{max} 处的荧光强度应基本相同？

(2)影响物质荧光强度的因素有哪些？

4.3.2.7 实验注意事项

(1)工作曲线的测定和未知液测定时应保持仪器设置参数一致。

(2)开机时先开氙灯再开计算机；关机时先关计算机再关主机电源。

4.4 仪器部分

4.4.1 LYT－300A 型荧光分光光度计

1. *波长扫描*

(1)创建分析方法：

从“工具”菜单中，选择配置或点击“测量方法”按钮；

扫描类型：选择波长扫描；

仪器→扫描模式：选择激发、发射、同步；

数据模式：荧光强度、发光强度、磷光强度；

设置激发波长、发射波长范围；或发射波长、激发波长范围；

扫描速度：设定波长扫描速度(单位：nm/min)。

延迟：在重复测量中，它是直到第一次测量开始的时间，延迟时间是为了第二次测量和顺序测量的等待时间。输入范围：0 ~ 9999s；设置激发狭峰、发射狭峰，单位：nm；PMT 电压：选择 250V、400V、700V、950V；灵敏度：从列表中选择灵敏度。

光谱校正：通过使用已存储的仪器参数，来校正荧光分光光度计的波长参数，以确保光谱的波长准确性。

显示：y－轴最大值：在监控窗口上为 y 轴输入一个最大的值；y－轴最小值：在监控窗口上为 y 轴输入一个最小的值。

数据采集完毕后打印报告。

打印：设置打印内容、字体和允许打印的内容。

(2)测量样品：

①点击菜单里的“工具”→“扫描”进行测量，或点击“扫描”按钮；

②为了中途暂停测量，点击工具条上的“停止”按钮；

③扫描完毕(或中断扫描)后，谱图处理窗口或打印窗口(根据设置更改)将会自动弹出。

(3)谱图处理：

①“谱图处理”设置项，点击弹出对话框，可设置谱图的信息(坐标轴、字体、线条、信息、报告、可视谱图)。

②设置峰高，点击后弹出对话框，根据设置的峰高可进行峰值检索。高于此峰值的数据才被显示。

③“平滑”按钮用来对谱图进行平滑处理，点击后弹出新窗口，可选择五点三次、七点五次或 Savitzky - Colay 方式平滑，此操作可以减少噪声带来的干扰，处理后的图形将会覆盖原始数据。

④“求导”按钮用来对谱图进行求导操作，点击后弹出对话框，可选择求导次数和平滑次数，此操作可以使一些正常显示不太明显的现象更加明显，处理后的数据将覆盖原始数据。

⑤“谱图计算”用来对谱图进行加、减、乘、除运算，点击后弹出新的窗口，计算时可以输入两个系数，两个谱图与各自的系数进行简单相乘后再进行加、减、乘、除运算，计算后的谱图显示在右侧，计算完毕后可对谱图进行保存处理。

⑥“面积计算”用来计算在当前显示的谱图中所选中的区域的面积。点击后弹出新窗口，可以设置计算的起始波长位置。

⑦“谱图重置”用来恢复数据处理前的状态。

2. 时间扫描

(1)创建分析方法：

从“工具”菜单中，选择配置或点击“测量方法”按钮。

扫描类型：选择时间扫描。

仪器→数据模式：选择下列数据模式的一种，荧光强度、发光强度、磷光强度。

设置磷光强度寿命、磷光强度寿命(短)、激发波长、发射波长。

时间：设定时间单位 s、ms。

扫描：设定扫描时间，范围：100 ~ 9999ms。

延迟：输入范围 0 ~ 9999s。

激发狭缝、发射狭缝：单位 nm。

增益：选择检测信号放大倍数 1 ~ 4。

PMT 电压：用于控制光电倍增管检测器电压的功能，可选择 250V、400V、700V、950V。

灵敏度：从列表中选择灵敏度。对于自动选择，其响应时间根据扫描速度自动设定，通常是选择自动。

快门控制：在不测量的时候，快门应当关闭，这样就使激发光束的能量的影响最小。当开始测量时，再打开快门。当你在它前面放一检查标记，快门将关闭，在测量开始时打开，在时间扫描测量之后，当测量的波长返回到开始波长时，快门将再次关闭。

重复测量：设定重复测量的数目，输入范围是1~99。

周期时间：设定重复测量的间隔，输入范围是0.0~180.0min。

显示：y-轴最大值：在监控窗口上为y轴输入一个最大的值；y-轴最小值：在监控窗口上为y轴输入一个最小的值。

数据采集完毕后打印报告。

(2)测量样品：

①点击菜单里的“工具”→“扫描”进行测量。

②在菜单“查看”中选择谱图显示方式：峰值表方式、KFACTOR方式。

(3)谱图处理：

①“谱图设置”设置项，设置谱图的信息(坐标轴、字体、线条、信息、报告、可视谱图)。

②“峰高”设置：根据设置的峰高可进行峰值检索。

③“求导”按钮用来对谱图进行平滑处理，可以减少噪声带来的干扰，处理后的图形将会覆盖原始数据。

④“谱图计算”用来对谱图进行加、减、乘、除运算，点击后弹出新的窗口，计算时可以输入两个系数，两个谱图与各自的系数进行简单相乘后再进行加、减、乘、除运算，计算后的谱图显示在右侧，计算完毕后可对谱图进行保存处理。

⑤“峰面积计算”用来计算在当前显示的谱图中所选中的区域面积。

⑥“谱图重置”用来恢复数据处理前的状态。

⑦“磷光寿命”计算炭光/磷光寿命。只有测量的数值为衰减趋势时才可计算荧光/磷光寿命，否则会提示“不能计算”。

(4)打印谱图：

点击“打印预览”按钮进行打印预览。

3. 光度测量

(1)创建分析方法：

从“工具”菜单中，选择配置或点击“测量方法”按钮。

扫描类型：选择“光度测定”。

①定量法：创建标准曲线的方法为波长。标准类型：

1)“无”：不使用标准曲线时选这个模式，当这个模式被选择时，为定量法模式设定波长，复合波长测量时，高达6个波长可被设定。

2)1次方曲线：这是最常用的标准曲线，一条线性标准曲线被创建。

标准曲线的公式如下：$x = A_1y + A_0$，x是样品浓度，y是样品的数据。

3)2次方曲线：使用二次方程来创建标准曲线，标准曲线的公式如下：

$x = A_2y^2 + A_1y + A_0$，x是样品浓度，y是样品的数据。

4)3次方曲线：使用三次方程来创建标准曲线，标准曲线的公式如下：

$x = A_3y^3 + A_2y^2 + A_1y + A_0$，$x$是样品浓度，$y$是样品的数据。

5)折线：标准曲线的创立是通过连接各线性样品的测量值或输入值。

注意：当与浓度值相对应的光度值是单调递增或单调递减时，创建这种标准曲线是合适的。

测量波长数：当"标准类型"是"无"时，高达6个波长可被选择；在其他标准类型时，1~3个波长可被选择。

手工校准：为了使用因数创建标准曲线，把标记放入这个检查框内，因数(A_0，A_1，A_2，A_3)会随所选择的标准类型的变化而变化。

②仪器：

数据模式：选择荧光强度、发光强度、磷光强度数据模式中的一种。发光型用于测量生物发光和化学发光，仅样品侧的信号可获取，而无需执行比率光度值法。

波长类型：激发波长固定、发射波长固定、同时固定。

波长(1~6)：在定量标签下输入规定的波长数。

设置激发狭缝、发射狭缝：单位nm。

PMT电压：用于控制光电倍增管检测器电压的功能，可选择200V、400V、700V、950V。

曝光时间：在规定的时间内获得平均的数据值，从而获得稳定的数据。输入范围0.1~10.0s。

延迟：输入范围0~9999s。

③标准：

点击标准标签，样品表窗口被打开，样品表是为样品测量或为标准曲线的绘制给出的一列标准，这个表包含下列各项：

序号、样品名称、注释、浓度。

更新：样品数量被设定，被显示的样品名、注释等都被清除。

插入：在样品表的末尾插入数据。

④显示：

y-轴最大值：在监控窗口上为y轴输入一个最大的值；y-轴最小值：在监控窗口上为y轴输入一个最小的值；数据处理窗口：峰检测是合适的；数据采集完毕后打印报告。

⑤报告。

⑥设置打印内容、字体和允许打印的内容，选择所需的项目进行报告。

(2)测量样品：

①测量标准样品(标准类型为“无”的时候)。

将样品放到指定的样品槽，点击菜单里的“工具”→“扫描”，再点击“样品”按钮进行测量，此时不建立标准曲线，只进行样品测量，测量完毕后，得到的数据将自动显示在视图中。

②测量标准样品(标准类型为“手动校正”的时候)。

将样品放到指定的样品槽，点击菜单里的“工具”→“扫描”，再点击“样品”按钮进行测量，此时默认标准曲线已知(系数为手动输入)，只进行样品测量并计算浓度，测量完毕后，得到的数据将自动显示在视图中。

点击“结束”结束本次测量。

③测量标准样品(标准类型为其他四项的时候)。

将样品放到指定的样品槽，点击菜单里的“工具”→“扫描”按钮，确认样品放入样品槽后点击确定，第一个标准样品的数据采集完毕后，继续测量，直至标准样品测量完毕，标准曲线建立。

再点击“样品”按钮对待测样品进行浓度计算，测量完毕后，得到的数据将自动显示在视图中。

点击“结束”，结束本次测量。

(3)打印谱图：点击“打印预览”按钮进行打印预览。

(4)其他功能：所有标准样品测量完毕后，会根据设置的拟合方式自动拟合出一条曲线，拟合出来的系数将会显示在列表中。

标准曲线建立后测量样品，系统将会根据测量的数据自动计算出该样品的浓度。在未点击“结束”之前，可以使用已建立的标准曲线测量多个样品并计算浓度。

点击“结束”后，可以在谱图处理窗口重新选择拟合方式，拟合出来的曲线将会自动显示在第二个视图中。

4.4.2 F98 型荧光分光光度计

F98 型荧光分光光度计的结构见图 4.1。

图 4.1 F98 型荧光分光光度计

4.4.2.1 仪器的工作原理

1. 信号过程和控制系统(图 4.2)

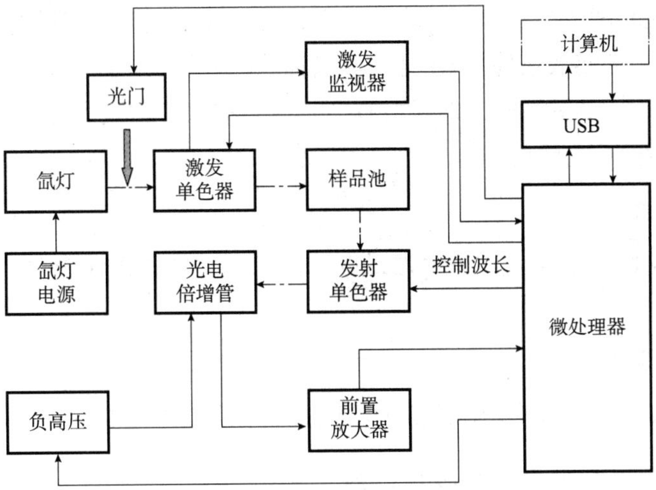

图 4.2 信号过程和控制系统

2. 光路图(图 4.3)

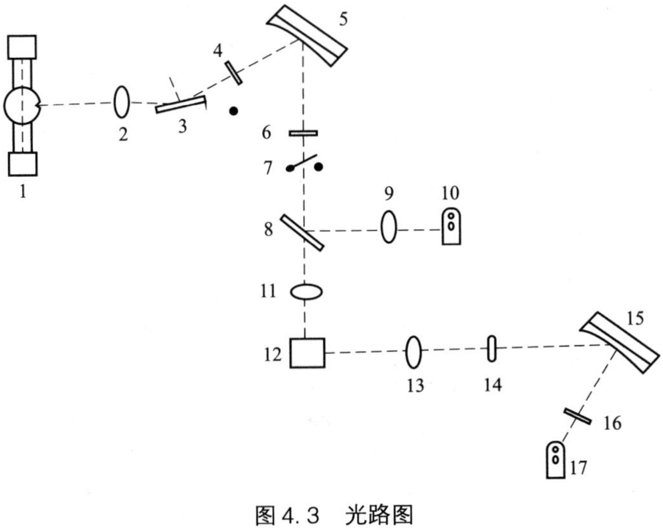

图 4.3 光路图

1—氙灯；2，9，11，13—聚光镜；3—反射镜；4，6，14，16—狭缝；
5，15—光栅；7—光门；8—分光器；12—样品池；10—光电池；17—光电倍增管

4.4.2.2 仪器的功能

1. 波长扫描模式

激发光谱扫描，指在固定的发射波长下，样品的荧光强度随激发波长变化的谱图。发射光谱扫描，指在固定激发波长下，样品的荧光强度随发射波长变化的谱图。

2. 时间扫描模式

在固定激发波长和发射波长下，样品的荧光强度随时间变化的谱图。

3. 定量分析模式

根据荧光分光光度法，在给定实验条件下，荧光强度(*F*)与试样的待测组分浓度(*c*)成正比(待测组分为稀溶液条件下)。通过测量标准溶液的荧光强度(*F*)和已知相应的浓度(*c*)，拟合得到 *F* 与 *c* 的关系标准曲线方程。再测未知试样的荧光强度，由拟合方程计算出未知试样中待测组分的浓度。

4. 三维扫描模式

样品的激发波长、发射波长和荧光强度三因素在给定的测试条件下形成的三维谱图信息。

5. 同步扫描模式

样品的激发波长和发射波长在给定的测试条件下形成的同步扫描光谱。

4.4.2.3 荧光分光光度计性能指标

项目	内容
激发光源	高强度长寿命除臭氧型 150W 氙灯(日本滨松)
激发单色器波长范围	200 ~ 900nm
发射单色器波长范围	200 ~ 900nm
激发带宽	1nm、2nm、5nm、10nm、20nm
发射带宽	1nm、2nm、5nm、10nm、20nm
激发/发射波长 最大允许误差	±0.4nm
激发/发射波长 重复性	≤0.2nm
信噪比	水的拉曼峰(P－P)：S/N > 350；水的拉曼峰(RMS)：S/N > 1500； 水的拉曼峰[RMS(BG)]：S/N > 15000
检出极限	≤5×10^{-11}g/mL(硫酸奎宁溶液)
测量线性	$\gamma \geq 0.995$
荧光强度重复性	≤1.5%
稳定性(10min)	零线漂移：±0.3
	示值上限：±1.5%
波长扫描速度	多挡速度可选，最高速度达 60000nm/min
光度值范围	0.00 ~ 10000.00
数据传输方式	USB2.0
标准能耗	200W

续表

项目	内容
电源种类	交流 220V/50Hz；110V/60Hz
尺寸	600×460×380(mm)
重量	净重：21kg；毛重：40kg

4.4.2.4 仪器使用方法

创建方法：

从菜单“文件”→“新建方法”，进入新建方法窗口。

(1)测量方法：选择“波长扫描”。

(2)仪器设置。

➢ 扫描模式：激发模式和发射模式可选。

激发模式下，谱图的横轴为激发波长，纵轴为荧光值。仪器发射波长值固定，执行激发波长扫描模式。发射模式下，谱图的横轴为发射波长，纵轴为荧光值。仪器激发波长值固定，执行发射波长扫描模式。

➢ 数据模式：荧光模式和磷光模式可选。

➢ 磷光激发时间：当进行磷光模式扫描时，用于设定样品受光激发的时间。

➢ 当扫描模式为激发模式时，激活发射波长、激发起始波长和激发终止波长这三项输入框。发射波长：输入发射单色器设定的波长(200～900nm)；激发起始波长：输入激发单色器扫描的起始波长(200～900nm)；激发终止波长：输入激发单色器扫描的终止波长(200～900nm)。

➢ 当扫描模式为发射模式时，激活激发波长、发射起始波长和发射终止波长这三项输入框。激发波长：输入激发单色器设定的波长(200～900nm)；发射起始波长：输入发射单色器扫描的起始波长(200～900nm)；发射终止波长：输入发射单色器扫描的终止波长(200～900nm)。

➢ 扫描速度：选择波长扫描速度。扫描速度越快，谱图扫描时间越短，但同时谱图信号噪声也越大。扫描速度越慢，谱图扫描时间越长，同时谱图信号噪声也越小。

➢ 扫描间隔：依据所选择的扫描速度，显示谱图数据点的采样间隔。

➢ 等待时间：输入执行波长扫描前的等待时间。多用于稳定样品荧光信号。

➢ 激发带宽：设定激发单色器的带宽。

➢ 发射带宽：设定发射单色器的带宽。

➢ 增益(PMT)：设定仪器的光电转换检测的增益水平。该设置通过改变光电倍增管(PMT)的负高压电压实现光电转换增益的改变。

➢ 响应时间：设置波长扫描时的信号响应时间。通常是选择自动匹配，以配合扫描速度达到最佳效果。

➢ 光谱校正：勾选光谱校正选项，仪器将利用最后一次光谱校正结果来校正仪器的波长响应参数而获取样品的内在光谱。

➢ 自动光门：光门用于控制光源对样品的激发时间或者激发状态。

1)当勾选自动光门选项时，仪器只在扫描测量时开启光门，使激发光激发样品；当测量结束后或者停止测量时仪器自动关闭光门，样品处于无光激发状态。此功能有利于测量容易受光氧化、分解、反应等样品或者受光激发而容易不稳定的样品。

2)不勾选自动光门选项时，光门处于常开状态，样品一直处于受光激发状态。

3)当数据模式为磷光模式时，自动光门自动启用。

➢ 重复次数：用同一测量方法重复进行波长扫描的次数，当重复次数为1时，光谱扫描只被执行一次。

➢ 重复间隔：当重复次数大于1时，此输入框被激活。用于设定相邻两次扫描时的等待间隔时间。

(3)数据显示。

y 轴坐标：输入 y 轴的起点坐标和终点坐标。终点坐标需大于起点坐标。

自动调节 y 轴坐标：勾选此选项后，y 轴坐标将根据光谱的 y 轴数据自动缩放。

(4)谱图处理。

➢ 可选项：指光谱扫描完毕后可供选择的数据处理方法，提供"多项式平滑""均值平滑""中值平滑"和"导数"四种处理方式。左键单击"可选项"栏目中的数据处理方法，然后点击"选择"按钮，该方法将出现在右侧的"已选项"栏目中。左键单击"已选项"栏目中的数据处理方法，然后点击"删除"按钮，即可移除该方法。

➢ 已选项：指当光谱扫描完毕后自动运用已选的方法进行数据处理，可通过修改参数设置。

➢ 修改参数：当单击"已选项"栏目下的处理方法，即可展开该方法的参数项，点击该参数后即可对其进行修改，再按下确认键即可确认修改该处理方法的参数。

➢ 查找峰谷：可设置光谱扫描完毕后自动进行峰谷查找操作。通过输入合适的阈值和灵敏度查找目标光谱的峰谷坐标。

(5)报表输出。

➢ 输出方式：可选择打印报表和使用 Excel 格式输出文件。

➢ 输出选项：用于选择报表输出内容，勾选相应的选项则表示输出相应的内容。报表输出选项卡中的内容可在光谱扫描完毕后通过左侧工具栏属性查看按钮修改。

➢ 添加数据：当勾选上"谱图数据"时可以对该谱图数据进行选择性输出。点击后在弹出的对话窗口里输入想要输出的波长范围(数据段范围)和波长间隔，然后点击"确定"按钮即可增加这段光谱数据。

➢ 清除数据：用于清除数据段框里面已经选择的数据段。当使用该功能时会清除数据段框里面所有的数据。

4.4.3 970CRT 型荧光分光光度计

4.4.3.1 仪器工作原理

光源使用150W 氙灯，光源室的结构能将臭氧密封，由其内部的热将臭氧分解消除，氙灯的辉点经椭圆面镜放大，聚光之后，由凹面镜将其聚光于激发侧狭缝组件的入射狭缝。由凹面衍射光栅使分光后的一部分光通过出射狭缝和聚光镜照射到试样池。由狭缝组件和凹面衍射光栅组成的分光器是异面全息型分光器，入射狭缝和出射狭缝不处于同一水平面，而是上下错开一定的距离，这样能够除去由壁面散射的 0 级光作为光源而产生的重像光谱。荧光分光器也是同样的形式。激发光的一部分被光束分离器石英板反射，反射光通过光量平衡孔照射到聚四氟乙烯反射板。射出的反射光由光学衰减器以一定的比例衰减以后，射入用于监测的光电倍增管。从试样池发射的荧光通过聚光镜，射入由狭缝组件和凹面衍射光栅组成的荧光分光器。被分光器分光后的光通过凹面镜，射入用于测光的光电倍增管后，测光信号送入前置放大器。

4.3.3.2 软件功能

滤波，检索波峰，计算峰面积，连续扫描测定，同步扫描测定，样品定量分析，绘制标准曲线(1 ~3 次)，样品的浓度计算，谱图运算，谱图保存及调出，谱图窗口处理，自动 S/N 比测定，自动 D/S 比测定。

打印输出：定性及定量分析的打印，屏幕谱图拷贝；电源：(220 ±22)V、(50 ±1)Hz；额定功率：300W。

4.4.3.3 使用方法

(1)连接好所有电缆和电源线。

(2)开机步骤：开氙灯电源→开主机电源→开打印机电源→开计算机电源。

(3)关机步骤：关计算机电源→关打印机电源→关主机电源→关氙灯电源。

(4)开氙灯电源后氙灯点亮指示应有红光，反之未点亮。

(5)运行软件：点击“开始”→“程序”→“970 荧光分光光度计”。

(6)仪器首先需要初始化，在菜单“系统”中点击“设备初始化”，仪器自动进行初始化。仪器初始化后工作参数设置为：EX 当前波长 350nm；EM 当前波长 350nm；EX 扫描范围 300 ~450nm；EM 扫描范围 300 ~450nm；EX 缝宽 10nm；EM 缝宽 10nm；扫描速度为低速；灵敏度为第一位(最低挡)；扫描方式为 EM 扫描。

(7)谱图的扫描：设置扫描参数，按“扫描”按钮。扫描结束后，选择“扣本底”，可以减掉背景噪声。选择“放大倍数”，可以使曲线放大。

(8)谱图分析：谱图的波峰和波谷，谱图的加、减、乘、除。谱图数据可以导出成各种不同格式的文件或图像(Excel 文件、文本文件、位图、Jpg 图像、Gif 图像等)。在进行谱图的运算时，扫描的参数(主要是波长的扫描范围)必须一致。

(9)样品的定量分析：包括曲线方程的拟合和样品浓度测试。

曲线拟合是用标准样品进行仪器的定标。一般用几个已知浓度的样品(一般不少于5个)，分别测试样品的荧光值。把浓度值和荧光值添加到列表中。如果已知样品的浓度和荧光值，可以直接输入已知的值，并添加到列表中。按“拟合”按钮，会得到拟合曲线并显示在右边的图像上。在图像的上方显示拟合的曲线方程。在荧光值测试中可以根据需要，对本底值进行处理，可以减去本底，也可以不对其进行处理。

样品浓度测试：只有得到拟合曲线的方程，才可以进行样品的测试。首先调入该样品种类的拟合曲线文件。然后测试样品得到荧光值，软件会根据拟合曲线方程算出相应的浓度值。同样，测试的结果可以进行打印、保存。在荧光值测试中可以根据需要，对本底值进行处理，可以减去本底，也可以不对其进行处理。

(10)扫描参数设置：

EM扫描方式：表示EX固定在某个波长下，EM进行扫描，扫描的波长范围是起始到终止波长。

EX扫描方式：表示EM固定在某个波长下，EX进行扫描，扫描的波长范围是起始到终止波长。

时间扫描和发光寿命扫描：表示EM和EX处于固定的波长处，测试该状态下的荧光值随时间的变化。

光门开、光门关：表示扫描时光门是处于开着还是处于关闭状态。

时间扫描：最大的扫描时间不超过10min。

(11)EM和EX波长走到指定的波长处：

该功能是把EX和EM的波长走到指定的波长处，用于测试该扫描参数下的荧光值。输入波长的数值后，按“确定”按钮，仪器会运行到该波长处。

第 5 章　原子吸收光谱法

5.1　概述

原子吸收光谱法也称为原子吸收分光光度法，是 20 世纪 50 年代出现的一种仪器分析方法，用于直接或间接测定样品中的金属元素含量，广泛应用于化学、物理、地质、环境、食品等各个领域。

目前原子吸收光谱法不需要进行复杂的分离操作就可以用来测定 70 余种金属和类金属元素的含量，既可以进行痕量分析，也可以进行微量甚至常量的测定。原子吸收仪器的操作简便，分析速度快，对大多数元素都有较高的灵敏度，可测定试样中 mg/L 或 μg/L 数量级的组分。由于原子吸收光谱法使用的光源就是被测元素做成的发射光谱灯，因为共振发射和共振吸收对某一元素来说是特征的，因此分析的选择性高，干扰较小，通常对试样只需要进行简单的处理，就可直接进行分析，避免了繁杂的分离步骤，节省了分析时间，也容易得到准确的分析结果。缺点是原子吸收光谱法分析不同元素，必须使用不同的元素灯，操作起来比较烦琐。

5.2　原子吸收光谱法原理

1. 共振线

原子吸收光谱法是基于物质所产生的原子蒸气对待测元素的特定谱线的吸收作用来进行定量分析的，这一特定谱线就称为共振吸收线。原子受外界能量激发时，其外层电子从基态跃迁到能量最低的第一激发态时要吸收一定频率的光，当它再跃迁回基态时，则发射出同样频率的谱线，这种谱线称为共振发射线。而使电子从基态跃迁至第一激发态所产生的吸收谱线称为共振吸收线。

2. 谱线轮廓

原子吸收光谱谱线十分窄，但也有一定的宽度和轮廓。

一束不同频率强度为 I_0 的平行光通过厚度为 l 的原子蒸气，一部分光被吸收，透过光的强度 I_ν 服从吸收定律：

$$I_\nu = I_0 e^{-K_\nu l} \tag{5.1}$$

式中，I_ν 是透过光的强度，l 是原子蒸气的宽度，K_ν 是基态原子对频率为 ν 的光的吸收系数。不同元素原子吸收不同频率的光，透过光强度 I_ν 对吸收光频率作图，如图 5.1 所示。

由图可知，在频率 ν_0 处透过光强度最小，即吸收最大。

原子吸收线轮廓以原子吸收谱线的中心频率(或中心波长)和半宽度表征。如果将吸收系数 K_ν 对频率 ν 作图，所得曲线为吸收线轮廓，如图 5.2 所示。

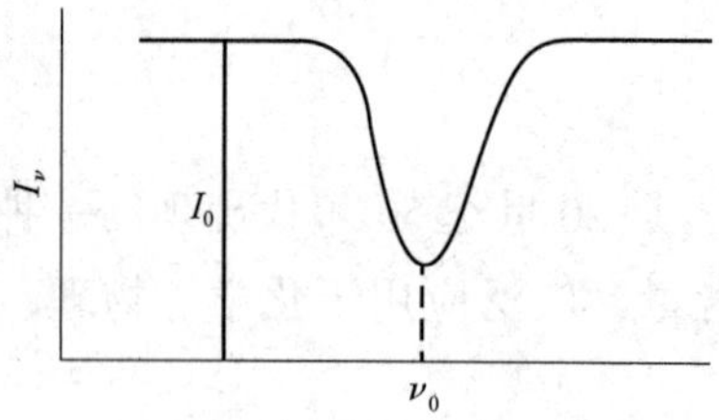

图 5.1　I_ν 与 ν 关系图

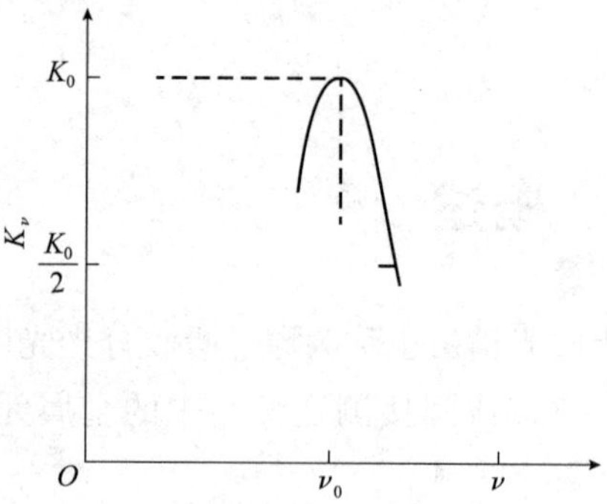

图 5.2　吸收线轮廓与半宽度

半宽度是中心频率位置，吸收系数极大值一半处，谱线轮廓上两点之间频率或波长的距离。

吸收谱线具有一定的宽度，主要包括以下几个方面：

(1)自然宽度 $\Delta\nu_N$：没有外界因素影响时，原子谱线的宽度称为自然宽度。它与激发态原子的平均寿命有关，平均寿命越长，谱线宽度越窄。不同谱线有不同的自然宽度，多数情况下约为10^{-5}nm数量级。

(2)热变宽 $\Delta\nu_D$：也称为多普勒变宽，是由于热运动产生的。辐射原子处于无规则的热运动状态，辐射原子可以看作运动的波源。这一不规则的热运动与观测器二者间形成相对位移运动，从而发生多普勒效应，使谱线变宽，一般可达 10^{-3} nm，是谱线变宽的主要因素。

$$\Delta\nu_D = \frac{2\nu_0}{c}\sqrt{\frac{2\ln 2RT}{M}} = 7.162\times10^{-7}\nu_0\sqrt{\frac{T}{M}} \tag{5.2}$$

式中，R 为气体常数；c 为光速；M 为吸收质点的原子量；T 为绝对温度；ν_0 为谱线的中心频率。从上式可以看出，热变宽与温度的平方根成正比，与吸收质点的原子量的平方根成反比。

(3)压力变宽：压力变宽是指由于吸光原子与蒸气中原子或分子相互碰撞而引起的能级变化，使发射或吸收光量子频率改变而导致的谱线变宽。压力变宽通常随压力增大而增大。根据与之碰撞的粒子不同，可分为两类：

在压力变宽中，凡是同种粒子碰撞引起的变宽叫赫鲁兹马克变宽 $\Delta\nu_H$；凡是由异种粒子碰撞引起的变宽叫罗伦兹变宽 $\Delta\nu_L$。

$$\Delta\nu_L = 2N_A\sigma^2 p\sqrt{\frac{2}{\pi RT}\left(\frac{1}{A}+\frac{1}{M}\right)} \tag{5.3}$$

式中，N_A为阿伏加德罗常数 6.02×10^{23}；σ^2 为原子与分子各粒子间碰撞的有效横截面；p 为外界气体压力；A 为气体粒子的分子量；M 为吸收质点的原子量；T 为绝对温度；R 为气体常数。

表 5.1　某些元素的多普勒变宽和罗伦兹变宽

元素	相对原子质量	波长/nm	$T=2000K$		$T=2500K$		$T=3000K$	
			$\Delta\nu_D$	$\Delta\nu_L$	$\Delta\nu_D$	$\Delta\nu_L$	$\Delta\nu_D$	$\Delta\nu_L$
Na	22.99	589.00	39	32	44	29	48	27
Ba	137.24	553.56	15	32	17	28	18	26
Sr	87.62	460.73	16	26	17	23	19	21
V	50.94	437.92	20		22		24	
Ca	40.08	422.67	21	15	24	13	26	12
Fe	55.85	371.99	16	13	18	11	19	10
Co	58.93	352.69	13	16	15	14	16	13
Ag	107.87	338.29	10	15	11	13	13	12
Cu	63.54	324.76	13	9	14	8	16	7
Mg	24.31	285.21	18		21		23	
Pb	207.19	283.31	6.3		7		8	
Au	196.97	267.59	6.1		7		7.5	
Zn	63.37	213.86	8.5		9.5		10	

(4) 场致变宽：在外部电场或磁场作用下，能引起能级的分裂，从而导致谱线变宽，这种变宽称为场致变宽。电场变宽 $\Delta\nu_s$ 也称为斯塔克变宽，是由外部电场或带电粒子和离子形成的电场所引起的谱线变宽。一般在原子吸收分析条件下，电场强度很弱，这种变宽可以忽略不计。磁场变宽 $\Delta\nu_z$ 也称为塞曼变宽，是由磁场的影响而产生的变宽，一般条件下也可以忽略不计。

(5) 自吸变宽：空心阴极灯发射的共振线被灯内同种基态原子吸收产生自吸现象，从而使谱线变宽称为自吸变宽。灯电流越大，自吸变宽越严重。

3. 定量基础

(1) 基态原子与激发态原子：原子吸收光谱法测定的是基态原子的浓度。物质分子解离后，有一部分吸收了较多的能量变为激发态的原子，使灵敏度下降。

根据热力学原理，在一定温度下达到热力学平衡状态时，基态和激发态的原子数之比与热力学温度的关系，可以用玻尔茨曼公式描述：

$$\frac{N_j}{N_0} = \frac{P_j}{P_0} e^{-\frac{E_j - E_0}{kT}} \tag{5.4}$$

N_j、N_0 为激发态、基态原子数；P_j、P_0 为激发态、基态原子的统计权重，即粒子在某一能级下可能具有的几种不同的状态数，数值等于 $2J+1$，J 为内量子数，对一定元素的特征谱线，它的值是常数；E_j、E_0 为激发态、基态原子的能量；k 为玻尔茨曼常数，

$k=1.38\times10^{-23}\mathrm{J\cdot K^{-1}}$；$T$ 为绝对温度。

设激发态原子与基态原子的能级差对应的共振线波长为 λ，即：

$$E_j - E_0 = \frac{hc}{\lambda} \tag{5.5}$$

则：

$$\frac{N_j}{N_0} = \frac{P_j}{P_0}e^{-\frac{hc}{k\lambda T}} \tag{5.6}$$

从上式可以看出，知道了被测元素的共振线波长后，就可根据原子化温度 T 求得 N_j/N_0 值。温度越高，N_j/N_0 值越大，即激发态原子数随温度升高而增加，而且按指数关系变化；在相同的温度条件下，激发能越小，吸收线波长越长，N_j/N_0 值越大。

在原子吸收光谱中，原子化温度一般小于 3000K，大多数元素的最强共振线都低于 600nm，N_j/N_0 值绝大部分在 10^{-3} 以下，激发态和基态原子数之比小于千分之一，激发态原子数可以忽略。因此，基态原子数 N_0 可以近似等于总原子数 N。

（2）原子吸收光谱的测量。

①积分吸收：原子吸收谱线具有一定的宽度，各频率处的吸收系数并不相等，吸收系数的积分称为积分吸收系数，简称积分吸收，$\int K_\nu \mathrm{d}\nu$，它与原子蒸气中单位体积中基态原子的数目成正比：

$$\int K_\nu \mathrm{d}\nu = \frac{\pi e^2 N_0 f}{mc} \tag{5.7}$$

式中，K_ν 为基态原子对频率 ν 的光辐射的吸收系数；e 为电子电荷；m 为电子质量；c 为光速；N_0 为单位体积内基态原子数；f 为吸收振子强度，即能被入射辐射激发的每个原子的平均电子数，它正比于原子对特定波长辐射的吸收概率，这是原子吸收光谱法的重要理论依据。

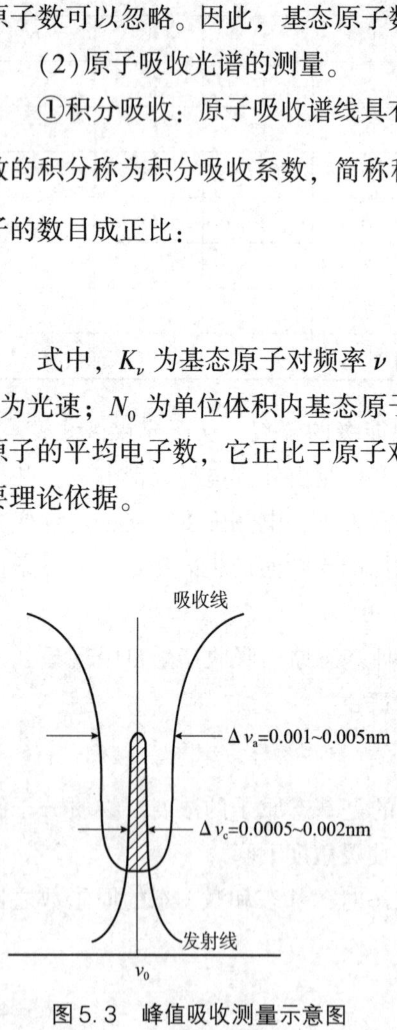

图 5.3　峰值吸收测量示意图

若能测定积分吸收，则可求出原子浓度。但是，测定谱线宽度仅为 10^{-3}nm 的积分吸收，需要分辨率非常高的色散仪器。

②峰值吸收：如果采用发射线半宽度比吸收线半宽度小得多的锐线光源，并且发射线的中心与吸收线中心一致，如图 5.3 所示，这样就不需要用高分辨率的单色器，而只要将其与其他谱线分离，就能测出峰值吸收系数。

在一般原子吸收测量条件下，原子吸收轮廓取决于热变宽宽度，通过计算可得峰值吸收系数：

$$K_0 = \frac{2\sqrt{\pi \ln 2}}{\Delta\nu_D}\cdot\frac{e^2}{mc}\cdot f\cdot N_0 \tag{5.8}$$

式中，$\Delta\nu_D$为热变宽，在温度恒定的条件下为一常数。条件一定时，上式中$\frac{2\sqrt{\pi\ln 2}}{\Delta\nu_D}\cdot$

$\frac{e^2}{mc} \cdot f$ 为常数，用 K_1 表示。

基态原子数 N_0 近似等于总原子数 N，则 $K_0 = K_1 N$，可以看出，峰值吸收系数与原子浓度成正比，只要能测出 K_0 就可得出 N_0。

(3)定量关系：

在实际工作中，对于原子吸收值的测量，是以一定光强的单色光 I_0 通过原子蒸气，然后测出被吸收后的光强 I，此吸收过程符合朗伯－比尔定律，即：

$$I = I_0 \cdot e^{-K_\nu L} \tag{5.9}$$

式中，K_ν 为吸收系数，L 为吸收层厚度。

吸光度 A 可用下式表示：

$$A = \lg \frac{I_0}{I} = 0.4343 \cdot K_\nu L = 0.4343 \cdot K_1 \cdot N \cdot L \tag{5.10}$$

在实际分析过程中，当实验条件一定时，N 正比于待测元素的浓度，所以：

$$A = KC \tag{5.11}$$

即在一定的浓度范围内，吸光度和浓度成正比。

5.3 实验部分

5.3.1 火焰原子吸收光谱法测定自来水中镁的含量

5.3.1.1 实验目的

(1)学习原子吸收光谱法的基本原理。

(2)了解原子吸收分光光度计的主要结构及其主要部件的特性。

(3)熟悉原子吸收分光光度计的操作规程和注意事项。

(4)掌握火焰原子吸收光谱法测定自来水中镁含量的方法。

(5)掌握原子吸收分光光度计工作站的使用方法。

5.3.1.2 实验原理

1. 原子吸收分光光度计工作原理

原子吸收分光光度计是利用基态原子对特征波长光吸收这个原理的一种测量方法。通常，可采用空心阴极灯作为光源发射出某一元素特征波长的谱线，当此光束通过包含基态原子的样品时，光强度将被部分吸收，吸收的程度取决于原子的浓度，这样便可根据光的吸收程度来计算出样品的原子浓度。

当光强度为 I_0 的光束通过被测元素原子浓度为 c 的介质时，光强度减弱至 I，其服从朗伯－比尔定律。

2. 原子吸收分光光度计工作流程

光源系统→火焰原子化系统→分光系统(单色器)→检测系统

(1)光源系统：光源的作用是辐射被测元素的特征光谱，必须使用锐线光源，所使用的光源应满足下述要求：

能辐射锐线，即发射线的半宽度要明显小于吸收线的半宽度；能辐射待测元素的共振线，并且具有足够的强度；辐射的光强度必须稳定且背景小。

(2)火焰原子化系统：原子化系统的作用是将试样溶液中金属离子转变成基态原子蒸气。

将被测溶液用一定手段雾化送入火焰，借助于火焰的热量和气氛使其原子化，这样的系统属于火焰原子化系统。一个好的火焰原子化系统，要求雾化效率高，原子化效率高，稳定性好，原子化系统的噪声小。

火焰原子化装置包括雾化器和燃烧器。雾化器是将溶液转变成尽可能细而均匀的雾滴，送入雾室。当助燃气高速通过时，在毛细管外壁与喷嘴口构成的环形间隙中，形成负压区，将试样溶液吸入，并被高速气流分散成气溶胶，在出口与撞击球碰撞，进一步分散成细雾。燃烧器是供气体燃烧的部件，试液雾化后进入雾化室，与燃气(乙炔)充分混合，大雾滴凝结在壁上，经废液器排出，小雾滴进入火焰中。试样雾滴在火焰中，经蒸发、干燥、离解(还原)等过程产生大量基态原子。

保证待测元素充分离解为基态原子的前提下，尽量采用低温火焰；火焰温度越高，产生的热激发态原子越多，不利于原子吸收；火焰温度取决于燃气与助燃气类型，常用的是乙炔－空气火焰，最高温度可达2600K；火焰类型包括化学计量火焰、富燃火焰和贫燃火焰，不同元素应用的火焰类型不一样。

(3)分光系统(单色器)：

单色器的作用：将待测元素的共振线与邻近线分开。

单色器的构成元件：棱镜、光栅，凹凸镜、狭缝等。

单色器的性能参数：线色散率(D)、分辨率、通带宽度(W)。

(4)检测系统：主要包括检测器、放大器、对数变换器和数显装置等。

3. 标准曲线法

配一系列基体相同的不同浓度的标准溶液，以空白溶液为参比，在选定的条件下测标准溶液的吸光度。以 A 为纵坐标，c 为横坐标，绘制 $A-c$ 标准曲线，在相同条件下，测样品的 A_x，从标准曲线求出未知样品中待测元素的含量。

为保证测定结果的准确性，应注意标准溶液与样品的基体组成应尽可能一致，基体元素不同可能对测定结果带来影响；标准溶液浓度应使 $A-c$ 在直线的范围内，c 不能太大，一般控制 A 在0.1～0.8；测定过程中应保持测定条件不变。

5.3.1.3 实验仪器与试剂

原子吸收分光光度计、镁标准溶液、镁样品溶液(自来水)。

5.3.1.4 实验步骤

(1)配制镁标准系列溶液(0.20mg/L，0.40mg/L，0.60mg/L，0.80mg/L，1.00mg/L)。

(2)打开原子吸收分光光度计，设置参数和仪器使用。

(3)分别测量镁标准系列溶液和样品溶液的吸光度。

5.3.1.5 实验数据处理

1. 记录实验条件

仪器型号、吸收线波长(nm)、空心阴极灯电流(mA)、狭缝宽度(nm)、负高压(V)、空气压缩机输出压力(MPa)、空气压力(MPa)、空气流量(L/min)、乙炔压力(MPa)、乙炔流量(L/min)等。

2. 计算出自来水中镁含量

5.3.1.6 讨论

(1)对实验过程中出现的问题进行分析讨论。

(2)简述原子吸收分光光度计工作原理。

(3)原子吸收分光光度计由哪几部分组成。

(4)简述原子吸收分光光度计光源的作用和对光源的要求。

(5)火焰原子化器包括哪几部分？简述各部分的作用。

5.3.2 石墨炉原子吸收光谱法测定废水样品中铜

5.3.2.1 实验目的

(1)学习原子吸收光谱法的基本原理。

(2)学习石墨炉原子化系统的作用原理。

(3)掌握石墨炉原子吸收光谱法测定废水样品中铜含量的方法。

5.3.2.2 实验原理

1. 原子吸收分光光度计工作原理

原子吸收分光光度计是利用基态原子对特征波长光吸收这个原理的一种测量方法。通常，可采用空心阴极灯作为光源发射出某一元素特征波长的谱线，当此光束通过包含基态原子的样品时，光强度将被部分吸收，吸收的程度取决于原子的浓度，这样便可根据光的吸收程度来计算出样品的原子浓度。

2. 原子吸收分光光度计工作流程

光源系统→原子化系统→分光系统→检测系统

3. 石墨炉原子化系统的作用

原子化系统的作用是将试样溶液中金属离子转变成基态原子蒸气。

将被测元素样品注入石墨炉内，经过不同温度的加温使样品在高温下原子化。通过分光光度计把原子化时吸收某一锐线光谱的能量记录下来，经过运算求得待测元素的含量。

石墨炉系统主要作用是在惰性气体保护下，用程序加温的方法使试样在分离水分和其他杂质的情况下，在不损失原试样中元素含量的情况下，充分原子化，以求得较高的特征量。

4. 升温程序

石墨炉的升温过程是分挡进行的，大致分为干燥、灰化、原子化、高温清洗(除残)四个阶段。第一阶段先在100℃左右将溶液烘干；第二阶段升温灰化，使基体中其他成分尽可能在灰化温度下被除去，而被测元素并不原子化；第三阶段是升高到原子化温度，同时进行记录；第四阶段将温度升高到最高值，除去管中的残留物质，以免除由此而产生的记忆效应。这种阶梯式的升温程序可使分子吸收和其他干扰在被测元素原子化前减少到最低程度。

5.3.2.3 实验仪器和试剂

原子吸收分光光度计，铜标准溶液，铜样品溶液。

5.3.2.4 实验步骤

(1)配制铜标准系列溶液，铜废水样品前处理。

(2)仪器调节和测定。

根据使用的仪器型号，参照仪器的使用说明书，调节仪器的光路和气路，测定标准溶液和样品溶液的吸光度。

5.3.2.5 数据处理

1. 记录实验条件

仪器型号、参数设置、升温程序、氩气入口压力等。

2. 计算出废水中铜含量

5.3.2.6 实验讨论

对实验过程中出现的问题进行分析讨论。

5.3.2.7 思考题

(1)简述石墨炉原子吸收光谱法的升温程序。

(2)石墨炉原子吸收光谱法升温过程中，通何种载气最佳?

(3)简述石墨炉原子化法的原理。

5.4 仪器部分

5.4.1 WYS2000 型原子吸收分光光度计

5.4.1.1 外形结构

主机总体外形如图 5.4 所示，仪器右下部为光源室、空心阴极灯，透镜位于其内；中部为原子化系统；左边是分光系统(包括单色器及波长扫描机构在其内)；右上部是电学系统；中上部为气路系统。

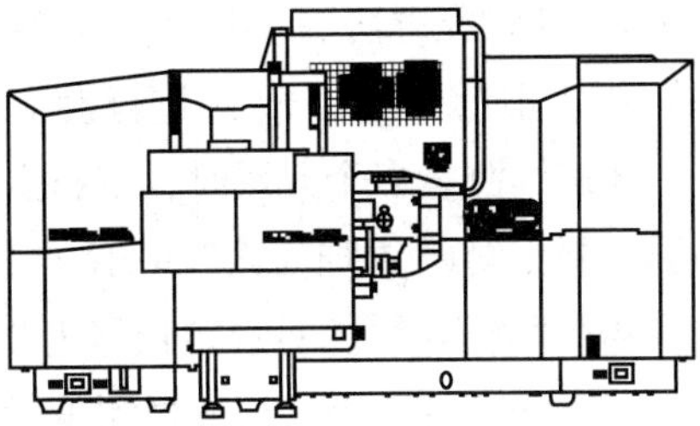

图 5.4 WYS2000 型原子吸收分光光度计主机

5.4.1.2 光学系统

空心阴极灯和 D2 灯发出的光，经过半透半反镜 BS 分成样品光束和参比光束，从空心阴极灯和 D2 结合成的样品光束在通过原子化器时被原子或共存物质背景所吸收，然后通过单色器进入检测器。参比光束通过的空间没有被样品所吸收，直接通过单色器进入 PMT。样品和参比光束在进入单色器前，由于斩光镜的旋转，交替被检测到光信号，得到交替接收的两个信号差，从而可以降低基线的漂移。单色器是 C－T 型高分辨率单色器，波长通过旋转平面衍射光栅进行选择，把待测元素的光谱与其他光谱分开(图 5.5)。

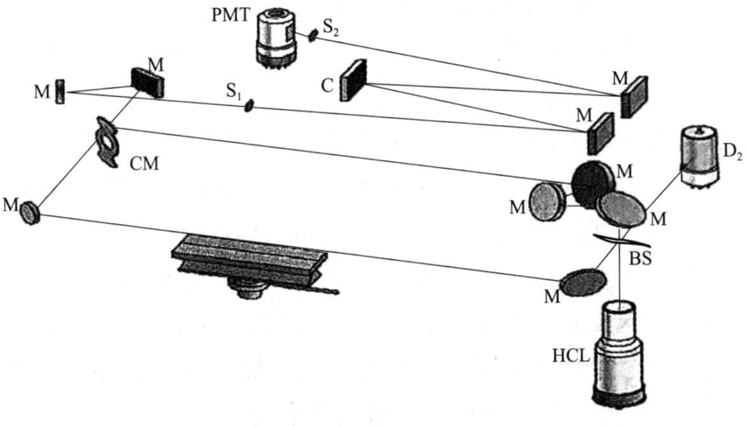

图 5.5 光学系统示意图

HCL—空心阴极灯；M—反射镜；S_1—入射狭缝；S_2—出射狭缝；CM—斩光镜；G—衍射光栅；PMT—光电倍增管；D_2—氘灯；BS—半透半反镜

5.4.1.3 使用方法(火焰连续法)

(1)启动 Atomlab 软件，点击菜单栏中“系统”，选择下拉框中“通讯设置”。并选择合适的串口，一般默认为串口“1”，然后单击“确定”键。

(2)在“元素选择”页里可以选择要测量的元素和决定测量的顺序并编辑测量参数。选择测量元素和测量方法，标准条件会自动显现。

①选择元素，单击工具栏中“建方法”。在元素名一栏直接输入元素符号；测量方法在“火焰连续法”的复选框里作标记；使用自动进样器时，在“使用自动进样器”的复选框里作标记。

②选择“配方法”，可对“光学参数”“原子化器/气体流量”“测量条件”“标准曲线”“样品信息”“重量校正因子”等进行设定。

③连续测量多个元素时，重新点击“建方法”、再次进行“元素选择”，选择以下元素。根据需要重复(“添加元素”→“元素选择”→“下一步”)，然后按上述步骤进行。

④在“光学参数”页设定仪器内部单色器和灯的参数。显示元素波长、狭缝宽、点灯方式、高压和灯电流等。当选择测量元素后，各元素的测量参数将自动调出装载到仪器上，通常这些参数不必变更。如需修改波长，可输入波长值改变。灯电流通过手动输入，可直接进行修改。

⑤单击“灯位设定”，出现“灯设置”画面。输入与灯座号相应的灯“元素”(直接输入元素符号或者在相应位置双击从下拉式菜单里选择)。双击灯号对应灯电流一栏，直接输入灯电流，或者使用默认值，选择灯预热或者空闲。

⑥单击“灯控制”，出现“灯设置”画面。双击灯号对应灯电流，直接输入灯电流，或者使用默认值，在状态一栏，通过勾选，选择灯预热或者空闲。

⑦单击“开启氘灯”或者“关闭氘灯”，如使用 AA－BG 模式时可预先开启氘灯预热，若使用 AA 或 AA－SR 模式时则无须进行此操作。

⑧单击“谱线搜索”，执行谱线搜索(波长匹配)后，进行能量平衡。如果只需要光束平衡，将不执行谱线搜索。在谱线搜索中，自动测出设定在波长附近的最高峰位置。

测量多个元素时，在“光学参数”和“原子化器/气体流量”设定画面，只能设定首先测量的元素。用 ASC 自动测量多个元素时，要改变第 2 号以后的测量元素参数，请在“元素选择”画面里进行设定。在 AA 或者 AA－BG 测量方式下 SR 灯的强度很稳定，但比普通灯花时间。在执行谱线搜索前，需开灯预热 15～20min，然后再开始测量。

⑨原子化器/气体流量设定。选择“原子化器位置”或“气体流量”，在同一界面，设定时没有次序的要求。“火焰高度”的初始值，对于不同的元素将自动显示，一般的情况下不必重新设定。但由于气体流量和样品类型不同，最优燃烧头高度也不同。更改时，只需输入一个新的数值。助燃气流量为固定值，不能进行增减。

⑩设定“测量条件”→“采样时间”：数据采集时间可输入 0～99 整数。

采样延时：开始数据采集前的等待时间，通常设为 0，可输入 0～99 整数。

调零时长：调零持续时间可输入 0～99 整数。

积分方法：采样时间内平均值。

重复测量条件：在此处设定同一样品的重复测量次数，在火焰连续法中，重复测量次数初始值为 3 次，也可通过手动输入重复次数。

设定完成后，点击“保存参数”。

⑪设定“标准曲线”→“标准加入法”→“次数”：表示标准曲线方程的次数。如果校准曲线呈直线，则选择“1 次”。如果标准曲线或多或少有点弯曲，则选择“2 次”。

零截距：强制标准曲线通过零点时使用。该设定以后也可更改。

标准曲线测量次序：输入标准样品的个数及设定浓度。可通过“添加行”或“删除行”建立指定行数的表格。标准样品的浓度设定，是把标准参数条件的浓度作为初始值显示的。也可根据实际建立的各标准样品的浓度进行更改。如果使用自动进样器，会出“位置”栏，输入标准样品在转盘上的位置(“1”～“50”“R1′～“R5”)。

样品单位：从列表中选择。

设定完成后，点击“保存参数”。

⑫设定“样品信息”：

未知样品测量次序：输入未知样品和样品标识。可通过“插入行”和“删除行”建立指定行数的表格。如果使用自动进样器，需在“自动进样器开始位置”栏输入各样品在转盘上的位置(“1～55”)。

QAQC 设定：在此画面可对未知样品空白、未知样品 RSD 进行超控限制，输入相应的验收标准，单击“保存”。

重量校正因子：这些系数是用于计算实样浓度的必要系数。重量因子 WF，定容因子 VF，稀释因子 DF 和校正因子 CF，用在下列方程中：

实样浓度 = 浓度 × VF × DF × CF/WF。实样浓度可用上述方程计算取得。设定完成后，点击“保存参数”。

⑬单击“加入工作池”，待测量的元素将被加入工作池中。

直接测量：在已执行过谱线搜索的情况下，可单击“直接测量”，进入测量状态。

重新测量：重新测量该元素。

停止测量：停止测量该元素。

自动测量：仪器将自动进行模式切换、谱线搜索等，进入测量状态。

“控制面板”→“切换模式”仪器从正在使用的模式，切换到另一种模式。

切换工作灯：当需要测量别的元素时，在该测量元素的控制面板单击“切换工作灯”，仪器将自动执行“谱线搜索”。

预热/停止加热：可预热或者关闭元素灯。

开启氘灯/关闭氘灯：可选择开启氘灯或者关闭氘灯。

高压优化：工作灯自动进行能量平衡。

打印结果：打印测量结果。

移出工作池：将测量方法从工作池中移出。

⑭单击“设置”。

高压：可调整工作灯的高压，进而调整工作灯的能量。

工作电流：调整元素灯电流，进而调整工作灯的能量。

波长优化：仪器自动寻找能量最大时波长位置。

灯位优化：仪器自动寻找能量最大时灯最优位置。

氘灯电流：调整灯电流，进而调整氘灯能量。

狭缝宽：调整狭缝宽，进而调整工作谱带宽。

⑮单击“测量”。

5.4.2 AA320N 型原子吸收分光光度计

AA320N 型是上海精密仪器仪表有限公司生产的原子吸收分光光度计，可用于测定各种样品中的常量和痕量金属元素，具有火焰法、石墨炉法、氢化物法原子吸收分析和火焰发射分析的功能。

5.4.2.1 仪器使用的环境条件

环境温度 10 ~ 30℃；室内的相对湿度不超过 85%；没有震动和电磁场干扰；室内无腐蚀性气体；电源电压(220 ± 22)V，电流 3A，频率(50 ± 1)Hz。

5.4.2.2 仪器的主要参数

波长范围：190.0 ~ 900.0nm；波长准确度：±0.5nm；波长重复性：≤0.3nm；波长扫描速度：1.2nm · min^{-1}；300nm · min^{-1}；分辨率：< 40%；特征浓度：≤0.04μg · mL^{-1}/1%(铜)；检出极限：≤0.008μg · mL^{-1}(铜)。

5.4.2.3 仪器的基本操作

1. 元素灯的调整

(1)打开仪器左上方门，把空心阴极灯插入灯电源电缆座，放到灯架上用弹簧压住，并使灯阴极与灯架上的标记大致相平。

(2)打开灯架旁的灯电源乒乓开关，在 F2 页面将光标移到 I(灯电流)，设定合适的灯电流(一般用 10mA)。

(3)打开燃烧室右壁上的两块挡光板，使光束通过燃烧室。

(4)选择合适的波长，使 F2 页面中的能量指示 S 约为 80(空心阴极灯预热后，能量可能增大)。

(5)用波长手动轮调节波长使能量指示达到最大值，如果能量大于 80，可调节 HV(负高压)使之回到 80 左右。

(6)缓缓转动空心阴极灯调节轮，使能量指示最大。如果能量大于 80，可调节 HV(负高压)使之回到 80 左右。

2. 燃烧器对光

空心阴极灯的光束在火焰中的路径和位置对系统的灵敏度有极大影响。燃烧器的缝隙应平行于仪器光轴而略偏低，具体操作如下：

(1)降低燃烧头高度至光束下面。

(2)将对光板放在燃烧头的缝隙上沿缝隙移动，调节燃烧头的旋转柄使缝隙与光束平行，并使缝隙处于光束的正下方。

(3)旋动燃烧器上下调节钮，使燃烧器慢慢上升直至能量刚有变化。

(4)再将旋钮逆时针方向转动半圈，使燃烧器进一步降低，这是许多元素分析的最佳高度，即光斑的中心在对光板上高5mm左右。

(5)吸喷一份标准溶液，慢慢旋动燃烧器前后调节钮，直到获得最大吸光度值。

3. 空气－乙炔火焰操作

(1)检查燃烧头和废液排放管是否安装妥当，然后将"空气/笑气"切换开关推至"空气"位置。

(2)将乙炔钢瓶的减压阀开至输出压力为0.07MPa。

(3)接通空气压缩机电源，输出压力调至0.3MPa。

(4)接通气路电源总开关和"助燃气"开关，调节助燃气稳压阀，使压力表指示为0.2MPa。

(5)顺时针旋转辅助气钮，关闭辅助气。此时流量计指示仅为雾化气流量，每分钟5.5L左右。如有必要可启用辅助气，但增大辅助气会降低吸收灵敏度。

(6)调节乙炔钢瓶减压阀使乙炔表指示为0.05MPa，打开乙炔开关，调节乙炔气钮使乙炔气流量至每分钟约1.5L。

(7)按下点火钮4s左右，使点火喷口喷火焰将燃烧头点燃。

(8)调节乙炔气流量选择合适的分析火焰。

(9)当测量完成后，应吸喷几分钟蒸馏水，然后关闭乙炔气开关或直接关闭乙炔钢瓶阀使火焰熄灭，最后关闭助燃气和气路电源总开关、关断空气压缩机电源并释放剩余气体。

5.4.2.4 仪器测定条件

1. 分析线

通常选择元素的共振线作为分析线，可使测定具有较高的灵敏度。在分析被测元素浓度较高试样时，可选用灵敏度较低的非共振线作为分析线。

2. 空心阴极灯电流

一般商品的空心阴极灯都标有允许使用的电流范围，实际工作中，合适的电流应通过实验确定。选择灯电流时，应在保持稳定和有合适的光强输出的情况下，尽量选用较低的工作电流。

3. 狭缝

原子吸收分析中，谱线重叠的概率较小，因此，可以使用较宽的狭缝，以增加光强与降低检出限。狭缝宽度的选择要能使吸收线与邻近干扰线分开。适合的狭缝宽度要从实验得到。

4. 原子化条件

(1)火焰原子化法。测定不同的元素选择不同类型的火焰。对于低温、中温火焰，适合的元素可使用乙炔－空气火焰；在火焰中易生成难离解的化合物及难溶氧化物的元素，宜用乙炔－氧化亚氮高温火焰；分析线在220nm以下的元素，可选用氢气－空气火焰。

燃气和助燃气的比例不同，火焰的特点也不同。易生成难离解氧化物的元素，用富燃火焰；氧化物不稳定的元素，宜用化学计量火焰或贫燃火焰。合适的燃助比应通过实验确定。

同时，燃烧器高度也是影响火焰原子化效率的因素。调节燃烧器的高度，使测量光束从自由原子浓度大的区域内通过，可以得到较高的灵敏度。

(2)石墨炉原子化法。影响石墨炉原子化效率的因素较多，主要包括干燥、灰化、原子化及净化等阶段的温度和时间。干燥的主要作用是去除溶剂成分的干扰，一般在105～125℃的条件下进行，干燥时间一般10～30s。灰化阶段温度和时间的选择要以尽可能除去试样中基体与其他组分而被测元素不损失为前提。原子化阶段是要使待测元素尽可能多地被原子化，应选择能使待测元素原子化的最低温度，原子化时间5～10s。净化阶段，也称清除阶段、清洗阶段，温度应高于原子化温度，以便消除试样的残留物产生的记忆效应，一般时间为5～10s。

5.4.3 4510F型原子吸收分光光度计

5.4.3.1 仪器技术指标(表5.2)

表5.2 仪器技术指标

单色器类型	Czerny－Turner 系统		波长范围	190.0～900.0nm	
光栅闪耀波长	250nm		光路形式	单光束“交流”系统(脉冲光源)氘灯作为背景校正	
波长示值误差	4510F	4530F	波长重复性	4510F	4530F
	±0.3nm	±0.15nm		不大于0.15nm	不大于0.04nm
检出限	不大于0.004μg·mL^{-1}(Cu)			测量重复性	不大于0.5%(Cu)
光谱带宽	0.1nm，0.2nm，0.4nm，1nm，2nm				
分辨率	光谱带宽0.2nm，用铜灯对324.7nm进行扫描，要求谱线半宽度不应超过(0.2±0.02)nm				

5.4.3.2 仪器基本操作

1. 打开仪器主机电源开关，安装空心阴极灯

2. 仪器工作站的基本操作

(1)打开计算机电源，打开主机电源，

(2)打开工作站，弹出“用户登录”页面，输入用户密码，按“确定”键。

(3)仪器开始自检，进行初始化，完毕后点击“进入操作”。

(4)如果用户需要在脱机的状态下查看被保存的测量结果，在打开工作站后按“脱机操作”键就可以调用数据文件。

(5)开机后进行分析条件参数设置的方法有2种：

方法1：直接新建新的测试方法；

在测试主界面，点击“文件”的下拉菜单选择“新建测试”，弹出对话框。

按“确定”，进入保存，操作方法见“保存”；

按“取消”，弹出“选择测试灯架及元素”表，可根据测试要求进行选择，如选灯架位置在2号的Cu元素。

按“确定”后，会弹出“方法设置”页面，进行分析条件的设置或调整，方法操作见“方法设置”。

方法2：直接选用“测试条件集合”中已有的分析条件。

在仪器主界面上弹出“测试条件集合”，可对保存过的分析条件进行直接调用或编辑后再使用。添加：增加新的方法条件。

上移：与上一行交换位置。

下移：与下一行交换位置。

编辑条件：对已选的分析条件进行修改，编辑。

删除条件：对已选的分析条件进行删除。

全部删除：对所有的条件进行删除。

(6)方法设置：

在“方法设置”页面有“条件设置”和“标准曲线”。

条件设置页：

A. 测试元素：此元素一般指的是金属元素，原子吸收方法不适用于非金属分析，测试元素指的是当前所测定的元素处灰色，只用于显示，不能进行选择或更改。

B. 原子化器：原子化器实指原子化技术，有三种方式(火焰、石墨炉、氢化物)，根据测试要求进行选择。

C. 灯电流选择：灯电流的大小影响分析的灵敏度和精密度，较小的电流可获得较高的灵敏度，但会有较大的噪声，在灯电流文本框内输入电流值即可，灯电流值的上下限值是0~12mA。

D. 负高压选择：在负高压文本框内输入负高压值即可，负高压值的上下限是0~600V。

E. 波长选择：波长一般是次灵敏线或灵敏度较低的分析线，可用于高浓度试样的分析，如要选其他灵敏线时，将光标移至“波长”下拉框中某个波长值并单击，则波长就被选定。

F. 积分时间：积分时间指的是测量时间，单位“s”，火焰法一般1~2s。

G. 延迟时间：延迟时间指的是火焰法测量前的延迟时间，石墨炉法是测量前的调零时间，单位“s”。

H. 时间常数：时间常数指的是响应时间，单位“s”。

I. 读数方式：

火焰法的读数方式一般选“连续”；

石墨炉法的读数方式可选“峰高”或“峰面积”；

氢化物法的读数方式可选“峰高”或“连续”。

J. 狭缝：

此处狭缝即光谱带宽，在能分开非共振线的前提下，应尽量采用宽的狭缝，以便提高信号的信噪比和分析稳定性，本仪器设有5挡狭缝可选择，分别是0.1nm、0.2nm、0.4nm、1.0nm和2.0nm五挡，只能选其中的一个。

K. 信号方式：信号方式有两种(原子吸收，背景吸收，背景校正)，在单选框内任选一种即可(单选按钮有圆点表示选中)。

当选中“原子吸收”时，背景灯电流输入框是灰色，背景模式也是灰色的。

当选中“背景校正”时，背景模式选择有氘灯或自吸收两种方式，背景灯电流输入框有效。

当信号方式选中“背景吸收”，背景模式选“氘灯”时，背景灯电流输入框有效，自吸收模式变灰色。

当信号方式选中“背景吸收”，背景模式选“自吸收”时，背景灯电流输入框有效，氘灯模式变灰色。

背景灯电流，背景灯电流设置可分为如下几种情况：

当信号方式选中“原子吸收”时，背景灯电流输入框是灰的；

当信号方式选中“背景校正”时，可能有两种情况：

a)当背景模式选中“氘灯”时，只需在背景灯电流的文本框内输入电流值即可，此电流值表示的是氘灯电流值，电流值的上下限值是50~800mA。

b)当背景模式选中“自吸收”时，在背景灯电流文本框内输入电流值即可，此电流值表示的是自吸电流值，上下限值是100~600mA。

L. 灯架位置：灯架位置有8种(1、2、3、4、5、6、7、8)，此处是灰色，小黑圆点只是表示当前工作灯的位置编号。

M. 选择元素：选择测试灯架及元素，必须一一对应。

N. 石墨炉参数。

(7)标准曲线页：

A. 数据处理方法选择：在“数据处理方法”旁的下拉菜单中有5+1种方法(线性法、二次曲线、三次曲线、吸光度直读、标准加入法和过零)。

“过零”选择只适用于线性法。

B. 平均次数：数值范围为1~20，在该范围内输入适当值。输入平均次数的方法有两种，一种直接在框内数输入数值。另一种是点击框右边的上下箭头。

C. 有效位数：数值范围为1~4，在该范围内输入适当值。输入方法同平均次数。

D. 浓度单位：共有 6 种可供选择（$mg \cdot L^{-1}$、$g \cdot L^{-1}$、ppb、ppm、$\mu g \cdot L^{-1}$、$\mu g \cdot mL^{-1}$），缺省单位为 $mg \cdot L^{-1}$。

按右边下拉列表选择所需要的单位。

E. 标准样品空白，缺省设置为否，当需要标准空白校正时，双击的“名称”下方的第一列，弹出“标准空白”，表示标准空白已设置。

F. 除“吸光度直读”法外，其余数据处理方法都必须在右面的表格中输入标准样品浓度值，最多可输入 30 个标准样品的浓度值。

设置完成后点击“完成”。

(8)光源校正：

以 Cu 灯为例，灯 2 为目前要使用的灯。

在主界面上点击“仪器调整”。

弹出“仪器调整”页面，以 Cu 为例，波长 324. 8nm，负高压 200V，电流 2mA。

按“找峰”键，将会在此条件下自动找出波长的中心位置，并显示波长的实测值，半峰宽值和 AA 能量值。

在此页面，可进行“升降台”设置。点击“升降台”会弹出“原子化器位置设置”的对话框，具体操作详见方法“原子化器位置设置”。

在此页面，可点击“保存”。注：此处的保存功能是指仅仅对当前灯架位置的保存。有别于其他保存功能。若能量显示接近零，可提高灯电流，增加负高压，或按“灯架自动调整”，调整灯架位置。

若能量没有达到 100%，按“调零”或增加“负高压”，使能量达到 100%。

若能量溢出，可降低负高压值重新找峰，直到能量值在 100%，此时的峰值为元素最佳吸收峰。

(9)火焰 – 原子化器参数设置：

点击主界面上“原子化器”。

进入“原子化器设置 – 火焰”页面，打开空压机，输出压力稳定后，点击“发送参数”。

工作模式有两种：“空气 – 乙炔”和“笑气 – 乙炔”。在点火前必须先确定工作模式。

“空气 – 乙炔”模式，此处“燃气”表示的是乙炔气的流量，可进行输入或点击增加或减小燃气流量，每点一次增加或减少 $0.1L \cdot min^{-1}$。燃气的流量范围是 $0 \sim 4L \cdot min^{-1}$，在规定范围内输入所需值。

当出现灰色指示时，表示气路状态不正常，请先检查气路，必须气路状态正常后方可进行下一步操作。

蓝色指示灯表示气路状态正常，左下角显示“燃气”和“助燃气”的实时在线流量。

按“点火”，详见“点火”操作。

(10)燃烧器位置调节：

燃烧器的位置，尤其是高度，对分析的灵敏度和稳定性有很大的影响。完成燃烧器对光后，应着重进行燃烧器高度的选择，以寻找具有最大吸收或稳定的火焰区域。燃烧器位置的调节应在火焰条件下边进样边进行。有两种操作方法：

方法一：在“仪器调整”页面上，点击“升降台”，在“原子化器位置设置”页面可以进行原子化器的位置调整。可按←↑→↓进行调整，直至最佳位置。

方法二：在主界面上选择“系统设置”下拉菜单里的“原子化器位置设置”，同样进入“原子化器位置设置”页面。注：每次开机后，仪器会自动将升降台停留在上一次的位置。

具体操作方法：将光板放在燃烧头的缝隙上，用户可按←↑→↓进行调整，调整燃烧头的位置，使光板中心对准对光板中心线，光板中心初始可调至在对光板上5mm左右(不同元素的测定，燃烧器高度会不一样)。

(11)定量分析：

①吸光度直读。以Cu灯为例，灯2为目前使用灯。

吸光度直读方式只用来测定样品在某条件下的吸光度。如果要知道样品中某元素的浓度，必须使用别的直线或曲线或单点定量分析校正法。

进行光源校正，方法见“光源校正”。

点燃火焰，操作方法见“点火操作”。

在“条件设置”页，输入适当的“积分时间”值，选择合适的读数方式。

按“标准曲线”键进入页面。

在“数据处理方法”下拉框内选择“吸光度直读”，其他输入的条件可根据需要设置。

按“完成”键。

按“完成”键，进入主界面。

点击主页面上“样品表”

弹出“样品编辑表”列表，进行编辑。

在“样品编辑表”中，双击“名称”下各行，或输入样品名称，其他输入的条件可根据需要设置，输入完毕，按“确认”键。

弹出“是否清除已测试样的待测数据”，按“确定”键即可。

进入主界面进行测试，按“调零”键进行调零，调零结束后，吸样，待实时显示值或实时曲线稳定后，按主界面右下角“测试”键进行测试(“平均次数”选3，所以读数三次)。

用户可根据实际测试需求，用同样的方法进行多次测定。

如对测试结果不满意，可以重新测试。方法见“重读”。

当样品测试结束后，可对数据进行保存，打印。方法见“保存”和“打印”。

②标准曲线校正法：

线性法(在此指的是一次曲线，可包含强制过原点)是最常用的定量分析标准曲线法，适合标准曲线为线性较好的元素样品定量分析。

多次曲线(在此指的是二次曲线或三次曲线)适合标准曲线非线性的定量分析方法。用户可根据实际测试需求选择合适的曲线校正方式。

以Cu灯为例，灯2为目前使用灯。

进行光源校正。方法见“光源校正”。

点燃火焰，操作方法见“点火操作”。

在“条件设置”页内，输入适当的“积分时间”值，选择合适的读数方式。

按“完成”键，会弹出“未设置标样，请设置”的提示对话框。

按“确定”键，再按“标准曲线”，进行设置，在“数据处理方法”下拉框可选“线性”或“标准加入法”“二次曲线”“三次曲线”。

如果工作曲线是直线的，选择“线性”，如果工作曲线是弯曲的，可选择“二次曲线”或“三次曲线”。由于在测定后还可以改变工作曲线的次数，不妨先在此选择“线性”。后期可根据实际标样测试情况进行调整。

在“浓度”下方列表输入标准样品的浓度，浓度顺序从小到大(至少输入 1 个标样点)，其他输入的条件可根据测试需要进行设定。

在“浓度”下方列表输入标准样品的浓度，浓度顺序从小到大(至少输入 1 个标样点)，其他输入的条件可根据测试需要进行设定。

设置完毕，按“完成”键。

按“确定”键后，进入主界面进行测试。

在主界面右下方，样品编号处于“标准空白”处。

吸去离子水数分钟，稳定后，按“调零”键进行调零。调零结束后，喷吸标准样品空白，连续按 3 次“测试”键进行标样空白测试。

标准空白测试完毕后，“样品编号”自然顺延至“标准样品 1”，吸喷标准样品 1，待实时显示值或实时曲线图稳定后，按“测试”键。

按上述操作方法，完成其他两个标样测定。

按“确定”键，标样测定结束。

标准曲线建立完后，如对标样测试结果不满意，可以重新测试。方法见“重读”。

“删除”可按鼠标键，用户可随时重新测定。

测量结束后，对测定结果打印，保存。方法详见“保存数据”“保存曲线”“打印”。

点击主界面右下方的“曲线变换”，弹出“曲线变换”的选项框，用户可根据实际情况来选择合适的曲线校正方式。

在“曲线变换”页面选择“线性”“过零”校正方式。

按“确定”，显示强制过原点的标准曲线。

在“曲线变换”页面选择“二次曲线”校正方式。

按“确定”键，显示二次标准曲线图。

在“曲线变换”页面选择“三次曲线”校正方式。

按“确定”键，显示三次标准曲线图。

当标准空白样品浓度与去离子水浓度不一致时，就需要选用“标样空白”。

如果标准空白和样品空白不是同一体系物质，就必须进行各自空白校正。

标准曲线建立完后，如对标样测试结果不满意，可以重新测试。方法见“重读”，删除可按鼠标右键，用户可随时重新测定。

测量结束后，对测定结果打印，保存。方法详见“保存数据”“保存曲线”“打印”。

③标准加入法：

标准加入法指当存在共存物质(基体)的干扰时可用标准加入法，标准加入法是一种在不除去基体干扰的前提下能通过这种方法扣除基体干扰而准确测定分析元素含量的方法。

进行标准加入法时，先准备等体积的未知样品溶液，然后加入不同量已知浓度的标准溶液到每一份未知样品溶液中，测定这些样品，得到每一个样品的吸收值，再绘制工作曲线。未知样品的浓度可从外延伸的工作曲线与 x 轴的交点求得。

标准加入法只自动设置“线性法”和“非过原点”进行校正。

以 Cu 灯为例，灯 2 为目前使用灯。

进行光源校正。方法见“光源校正”。

点燃火焰，操作方法见“点火操作”。

在“条件设置”页面，输入适当的“积分时间”值；选择合适的读数方式。

按“完成”键，会弹出“未设置标样，请设置”的提示对话框。

按“确定”后，在“标准曲线”页面进行设置。

在“名称”和“浓度”下列输入加入不同量已知标准溶液的浓度，按“完成”键。注：此处的标准空白指的是试剂空白，根据实际测试需要，可选或不选。

进入主界面，进行测试，标准空白与样品编号处[标准空白]一一对应测试。

标准空白测试完毕后进入“Ext 扩展样品”测试，此处的“Ext 扩展样品”指的就是未知样。

按上述操作，继续完成测试。

测量结束后，对测定结果打印，保存。方法详见“保存数据”“保存曲线”“打印”。

④保存曲线：

保存曲线是指对标准样品测定的数据，分析条件及标准曲线进行保存。后期可直接调用标准曲线直接测试样品，大大节省测样时间。

当某一元素的标准样品测定完成或整个分析测试完成后，点击主界面上的“保存曲线”。

弹出文件保存的页面。

在文件名处输入文件名即可，再点击“保存”即可。

标准曲线保存结束。

⑤调用曲线：

调用曲线指的是对已保存过的方法进行调用，调用包括分析条件、灯架位置、标样数据和标准曲线，只要进行微调，即可直接测试样品，大大节省了分析时间。

点击主界面上“调用曲线”。弹出文件库页面。

选中要调用的文件，双击“文件名”或单击“文件名”和“打开”。

显示调用的标准样品的测试数据和标准曲线。

点击主页面上的“仪器调整”，对部分分析条件进行优化。

按“找峰”键，找出波长的中心位置。

按“灯架自动调整”键，使分析条件更佳，再按“调零”键。

对“样品表”表进行编辑，操作方法详见“样品表”。

对原子化器位置进行设置，操作方法详见“原子化器位置设置”。

点燃火焰，操作方法详见“点火”。

样品溶液测试，操作方法详见“定量分析”。

如对测试结果不满意，可以重新测试，操作方法详见“重读”。

样品测量结束后，可对数据进行保存，打印。操作方法详见“保存”“打印”。

⑥波长扫描：

波长扫描方式通常用来测试仪器的分辨率和检查光源（空心阴极灯）的发射谱线位置。以 Cu 灯为例，灯 2 为当前使用的灯。

进行光源校正，方法见“光源校正”。

光源校正结束后，点击主界面上“工具”下拉菜单中选择“波长扫描”。

进入“波长扫描界面”的页面。

在“波长扫描界面”可进行波长范围设置（190 ~ 900nm），扫描间隔范围可设置 0.01nm、0.1nm、1.0nm。

纵坐品使用说明书标（透过率）范围一般可设 0 ~ 100%，设置完毕后，按“启动”。

例如：以铜为例，设波长范围 320 ~ 330nm，扫描间隔 0.01nm，纵坐标范围 0 ~ 100%，再按“启动”后开始扫描，同时在谱图显示框内实时显示扫描谱图，扫描结束。

扫描结束后，可对谱图进行放大缩小处理，如果要放大某一段曲线，在被放大曲线部分的左上方按下标的左键不要放，同时拖动鼠标直到把要放大的部分围住，再放开鼠标左键，这时曲线就被放大。

左下角实时显示每个波长点所对应的能量值。

扫描结束后，按“峰值检测”，弹出峰值检测灵敏度设置对话框，在左下角输入数值，一般输入 0.1，再按“确定”。

灵敏度设置 0.1 后，点击“确定”，在图下方显示所有峰值的波长及其对应的 *T* 值。如图波长扫描 Cu，铜的实测最灵敏线和次灵敏线分别是 324.73nm 和 327.34nm。

扫描结束后，可对谱图进行打印，点击右下方“打印”。

按“打印”键，弹出“打印选项 – 波长扫描”的选项页，进行选择。

选项完成后，点击“确定”，完成波长扫描测试报告的打印。

⑦时间扫描：

时间扫描方式通常用于对仪器静态和动态基线稳定性的测试。

以 Cu 灯为例，灯 2 为目前所使用的灯。

开始校正光源，方法见“光源校正”。

光源校正结束后，按“调零”键进行调零。

在仪器主界面，“工具”的下拉菜单下选择“时间扫描”。

进入“时间扫描”的页面，在此页面的右上方进行参数设置，其中扫描时间为横坐标，纵坐标为吸光度(Abs)。采样间隔的单位是“秒”，小数位数可选1~4位。

以铜为例，纵坐标设置范围(-0.005~0.005)，扫描总时(300s)，采样间隔(0.01s)，小数位数(4位)设置完成后，按“启动”进行时间扫描。

按“启动”后开始时间扫描，这时“启动”就改变成“停止”，同时左下方实时显示扫描谱图和数据。

在时间扫描过程中可随时终止时间扫描。当按“停止”后，扫描立即停止，同时“停止”按钮又改变成“启动”按钮。

扫描谱图和数据可以保存，方法详见“保存”。

扫描谱图和数据可以进行打印，打印同“波长扫描方式”。

“打开”是指打开已经保存过的时间扫描谱图文档，可以进行查看。

第6章　气相色谱法

6.1　概述

色谱法是一种分离、分析技术，在工业、农业、国防、建设、科学研究中都得到了广泛应用。气相色谱法是用气体作为流动相的色谱法。由于样品在气相中传递速度快，因此样品组分在流动相和固定相之间可以瞬间地达到平衡。可选作固定相的物质很多，气相色谱法是一个分析速度快和分离效率高的分离分析方法，具有以下特点：

(1)高灵敏度：可检出 $10^{-11} \sim 10^{-13}$g 的物质，可作超纯气体、高分子单体的痕迹量杂质分析和空气中微量毒物的分析。

(2)高选择性：可有效地分离性质极为相近的各种同分异构体和各种同位素。

(3)高效能：可把组分复杂的样品分离成单组分。

(4)速度快：一般分析只需几分钟即可完成，有利于指导和控制生产。

(5)应用范围广：既可分析低含量的气体、液体，亦可分析高含量的气体、液体，可不受组分含量的限制。

(6)所需试样量少：一般气体样用几毫升，液体样用几微升或几十微升。

(7)设备和操作比较简单，仪器价格便宜。

6.2　气相色谱法原理

用气体作为流动相的色谱法称为气相色谱法。根据固定相的状态不同，又可将其分为气固色谱和气液色谱。气固色谱是用多孔性固体为固定相，分离的主要对象是一些永久性的气体和低沸点的化合物。但由于气固色谱可供选择的固定相种类甚少，分离的对象不多，且色谱峰容易产生拖尾，因此实际应用较少。气相色谱多用高沸点的有机化合物涂渍在惰性载体上作为固定相，一般只要在450℃以下有1.5～10kPa的蒸气压且热稳定性好的有机及无机化合物都可用气液色谱分离。在气液色谱中可供选择的固定液种类很多，容易得到好的选择性，所以气液色谱有广泛的实用价值。气相色谱是一种物理的分离方法。利用被测物质各组分在两相间分配系数(溶解度)的微小差异，当两相做相对运动时，这些物质在两相间进行反复多次的分配，使原来只有微小的性质差异产生很大的效果，而使不同组分得到分离。

1. 气相色谱流程

气相色谱法用于分离分析样品的基本过程如图6.1所示。

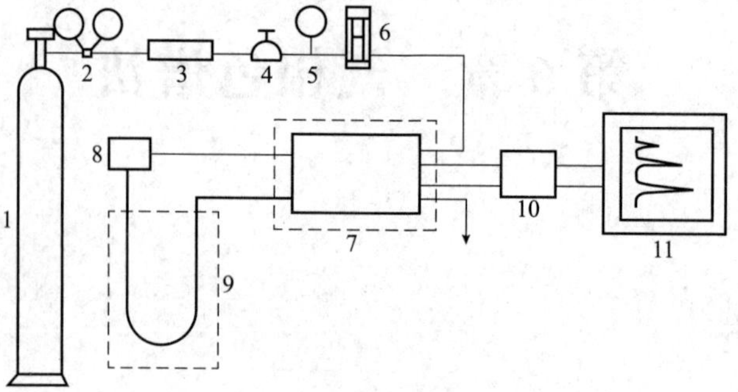

图6.1　热导池检测器色谱流程图

1—高压钢瓶；2—减压阀；3—净化器；4—流量调节器；5—压力表；6—转子流速计；7—检测器；8—气化室；9—色谱柱；10—测量电桥；11—记录器

载气由高压钢瓶中流出，经减压阀降压到所需压力后，通过净化干燥管使载气净化，再经稳压阀和转子流量计后，以稳定的压力、恒定的速度流经气化室与气化的样品混合，将样品气体带入色谱柱中进行分离。分离后的各组分随着载气先后流入检测器，然后载气放空。检测器将物质的浓度或质量的变化转变为一定的电信号，经放大后在记录仪上记录下来，就得到色谱流出曲线。

2. 气相色谱仪的结构

气相色谱仪由五大系统组成：气路系统、进样系统、分离系统、控制温度系统以及检测和记录系统。

(1)气路系统：气相色谱仪具有一个让载气连续运行、管路密闭的气路系统。通过该系统，可以获得纯净的、流速稳定的载气。它的气密性、载气流速的稳定性以及测量流量的准确性，对色谱结果均有很大的影响，因此必须注意控制。

常用的载气有氮气和氢气，也有氦气、氩气和空气。载气的净化，需经过装有活性炭或分子筛的净化器，以除去载气中的水、氧等不利的杂质。流速的调节和稳定是通过减压阀、稳压阀和针形阀串联使用后达到。一般载气的变化程度 $<1\%$。

(2)进样系统：进样系统包括进样器和气化室两部分。进样系统的作用是将液体或固体试样在进入色谱柱之前瞬间气化，然后快速定量地转入色谱柱中。进样量的大小、进样时间的长短、试样的气化速度等都会影响色谱的分离效果和分析结果的准确性与重现性。

进样器：液体样品的进样一般采用微量注射器。气体样品常用推拉式六通阀或旋转式六通阀定量进样。

气化室：为了使样品在气化室中瞬间气化而不分解，因此要求气化室热容量大，无催化效应，且尽量减少柱前谱峰变宽，气化室的死体积应尽可能小。

(3)分离系统：分离系统由色谱柱组成。色谱柱主要有两类：填充柱和毛细管柱。

填充柱：由不锈钢或玻璃(石英)材料制成，内装固定相，一般内径为 2 ~ 4mm，长 1 ~ 3m。填充柱的形状有 U 形和螺旋形两种。

毛细管柱：又叫空心柱，分为涂壁、多孔层和涂载体空心柱。空心毛细管柱材质为树脂、玻璃或石英，内径一般为 0.2 ~ 0.5mm，长度 30 ~ 300m，呈螺旋形。色谱柱的分离效果除与柱长、内径有关外，还与所选用的固定相和柱填料的制备技术以及操作条件等许多因素有关。

(4)控制温度系统：温度直接影响色谱柱的选择分离、检测器的灵敏度和稳定性。控制温度主要指对色谱柱(炉)、气化室、检测室的温度控制。色谱柱的温度控制方式有恒温和程序升温两种。对于沸点范围很宽的混合物，一般采用程序升温法进行。程序升温指在一个分析周期内柱温随时间由低温向高温作线性或非线性变化，以达到用最短时间获得最佳分离的目的。

(5)检测和记录系统。检测系统：根据检测原理的差别，气相色谱检测器主要分为浓度型和质量型两类。浓度型检测器测量的是载气中组分浓度的瞬间变化，即检测器的响应值正比于组分的浓度，如热导检测器(TCD)、电子捕获检测器(ECD)。质量型检测器测量的是载气中所携带的样品进入检测器的速度变化，即检测器的响应信号正比于单位时间内组分进入检测器的质量，如氢焰离子化检测器(FID)和火焰光度检测器(FPD)。

记录系统：记录系统是一种能自动记录由检测器输出的电信号的装置。

3. 气相色谱固定相

气相色谱固定相可分为液体固定相和固体固定相两类。

液体固定相是将固定液均匀涂渍(或键合)在载体而成。

载体是固定液的支持骨架，使固定液能在其表面上形成一层薄而匀的液膜。

气固色谱固定相：用气相色谱分析永久性气体及气态烃时，常采用固体吸附剂作固定相。在固体吸附剂上，永久性气体及气态烃的吸附热差别较大，故可以得到满意的分离。

常用的固体吸附剂：主要有强极性的硅胶、弱极性的氧化铝、非极性的活性炭和特殊作用的分子筛等。

人工合成的固定相：作为有机固定相的高分子多孔微球是人工合成的多孔共聚物，它既是载体又起固定相的作用，可经活化后直接用于分离，也可作为载体在其表面涂渍固定液后再使用。

4. 气相色谱检测器

检测器是一种将载气里被分离组分的量转变为测量信号(一般电信号)的装置。由于微分型检测器给出的响应是峰形色谱图，它反映了流过检测器的载体中所含试样量随时间变化的情况，并且峰的面积或峰高与组分的浓度或质量流速成正比。因此，在气相色谱仪中，常采用微分型检测器。微分型检测器有浓度型和质量型两种。浓度型检测器测量的是载气中组分浓度的瞬间变化，即检测器的响应值正比于组分的浓度。如热导检测器

(TCD)、电子捕获检测器(ECD)。质量型检测器测量的是载气中所携带的样品进入检测器的速度变化，即检测器的响应信号正比于单位时间内组分进入检测器的质量，如氢焰离子化检测器(FID)和火焰光度检测器(FPD)。

5. 气相色谱定量方法

在一定的色谱操作条件下，流入检测器的待测组分 i 的含量 m_i(质量或浓度)与检测器的响应信号(峰面积 A 或峰高 h)成正比：

$$m_i = f_i A_i \text{ 或 } m_i = f_i h_i \tag{6.1}$$

式中，f_i 为定量校正因子。要准确进行定量分析，必须准确地测量响应信号，求出定量校正因子 f_i。此式是色谱定量分析的理论依据。

(1)峰面积的测量：

①峰高乘半峰宽法：将色谱峰视为等腰三角形，得到的面积为实际面积的 0.94 倍，故实际面积适用于对称峰。

$$A = 1.065h \times y_{1/2} \text{(相对计算可略去前面系数)} \tag{6.2}$$

②峰高乘平均峰宽法：对于不对称峰的测量，在峰高 0.15 和 0.85 处分别测出峰宽，由下式计算峰面积：

$$A = h \times (y_{0.15} + y_{0.85})/2 \tag{6.3}$$

此法测量时比较麻烦，但计算结果较准确。

③自动积分法：具有微处理机(工作站、数据站等)，能自动测量色谱峰面积，对不同形状的色谱峰可以采用相应的计算程序自动计算，得出准确的结果，并由打印机打出保留时间和 A 或 h 等数据。

(2)定量校正因子：

由于同一检测器对不同物质的响应值不同，所以当相同质量的不同物质通过检测器时，产生的峰面积(或峰高)不一定相等。为使峰面积能够准确地反映待测组分的含量，就必须先用已知量的待测组分测定在所用色谱条件下的峰面积，以计算定量校正因子。

$$m_i = f_i' \times A_i \tag{6.4}$$

式中，f_i'称为绝对校正因子，即是单位峰面积所对应的物质量。它与检测器性能、组分和流动相性质及操作条件等有关，绝对校正因子常因色谱条件等因素而变化，在定量分析中常采用相对校正因子，即某一组分与标准物质的绝对校正因子之比，即：

$$f_i' = \frac{A_s m_i}{A_i m_s} \tag{6.5}$$

式中，A_i、A_s 分别为组分和标准物质的峰面积；m_i、m_s 分别为组分和标准物质的量。m_i、m_s 可以用质量或摩尔质量为单位，其所得的相对校正因子分别称为相对质量校正因子和相对摩尔校正因子，用 f_m 和 f_M 表示。

校正因子一般都由实验测定。准确称取组分和标准物，配制成溶液，取一定体积注入色谱柱，经分离后，测得各组分的峰面积，再由上式计算 f_m 或 f_M。常用的标准物质，对 TCD 是苯，对 FID 是正庚烷。

(3)定量计算方法：

①外标法：当能够精确控制进样量的时候，通常采用外标法进行定量。这种方法标准物质单独进样分析，从而确定待测组分的校正因子；实际样品进样分析后依据此校正因子对待测组分色谱峰进行计算得出含量。其特点是标准物质和未知样品分别进样。外标法的优点是操作简单，不需要前处理。缺点是要求精确进样，进样量的差异直接导致产生分析误差。

$$m_i = A_i \times f_i \tag{6.6}$$

这里 m_i 是未知样品中组分 i 的含量。

②归一化法：不需要标准物质帮助来进行定量。它直接通过峰面积或者峰高进行归一化计算从而得到待测组分的含量。其特点是不需要标准物，只需要一次进样即可完成分析。归一化法兼具内标和外标两种方法的优点，不需要精确控制进样量，也不需要样品的前处理；缺点在于要求样品中所有组分都出峰，并且在检测器的响应程度相同，即各组分的绝对校正因子都相等。

归一化法的计算公式：

$$m_i = \frac{A_i}{A_1 + A_2 + \cdots + A_n} \times 100\% = \frac{A_i}{\sum_{i=1}^{n} A} \times 100\% \tag{6.7}$$

当各个组分的绝对校正因子不同时，可以采用带校正因子的面积归一化法来计算。事实上，很多时候样品中各组分的绝对校正因子并不相同。为了消除检测器对不同组分响应程度的差异，通过用校正因子对不同组分峰面积进行修正后，再进行归一化计算。其计算公式如下：

$$m_i = \frac{A_i f_i}{\sum_{i=1}^{n} A f_i} \times 100\% \tag{6.8}$$

当样品中不出峰的部分的总量 X 通过其他方法已经被测定时，可以采用部分归一化来测定剩余组分。计算公式如下：

$$m_i = \frac{A_i f_i}{\sum_{i=1}^{n} f \times A} \times (100 - X)\% \tag{6.9}$$

③内标法：选择适宜的物质作为欲测组分的参比物，定量加到样品中去，依据欲测定组分和参比物在检测器上的响应值(峰面积或峰高)之比和参比物加入量进行定量分析的方法叫内标法。特点是标准物质和未知样品同时进样，不需要精确控制进样量，克服进样量不同造成的误差。由于内标物很难寻找，而且分析操作前需要较多的处理过程，操作复杂，并可能带来误差。

$$\Phi_i = \frac{W_i}{W} \times 100\% = \frac{W_i}{W_s} \times \frac{W_s}{W} \times 100\% = \frac{A_i f_{w_i}}{A_s f_{w_s}} \times \frac{W_s}{W} \times 100\% = \frac{A_i}{A_s} \times f_{w_i/s} \times \frac{W_s}{W} \times 100\% \tag{6.10}$$

式中，A_i，A_s 分别为待测组分和内标物的峰面积；W_s，W 分别为内标物和样品的质量；$f_{w_i/s}$是待测组分对于内标物的相对质量校正因子(此值可自行测定，测定要求不高时也可以由文献中待测组分和内标物组分对苯的相对质量校正因子换算求出)。

6.3 实验部分

6.3.1 气相色谱填充柱的制备

实验目的

(1)了解气相色谱填充柱的制备方法。

(2)掌握固定液涂渍技术和柱老化技术。

(3)了解气相色谱仪的工作原理和使用方法。

6.3.2 实验原理

色谱柱是气相色谱仪的核心部分，所有样品都是依赖柱进行分离和分析的。色谱柱的制备则是气相色谱实验的基本操作技术。

在气－液色谱中，填充柱的固定相由载体和涂敷在其表面的固定液所组成，而将固定液均匀地涂敷在载体表面是一项技术性很强的工作。为了制备性能良好的填充柱，一般应遵循以下几条原则：第一，尽可能筛选粒度分布均匀的载体和固定相填料；第二，保证固定液在载体表面涂渍均匀；第三，保证固定相填料在色谱柱内填充均匀；第四，避免载体颗粒破碎和固定液的氧化作用等。

气液色谱的填充柱制备通常包括五个步骤：①色谱柱的选择，一般选用长度和内径适当的螺旋形不锈钢管作为色谱柱；②固定相的选择，包括载体的种类和粒度、固定液的种类及其与载体的质量比；③涂渍固定液，即在载体表面涂渍上一层薄而均匀的液膜；④填装色谱柱，即把涂渍过固定液的载体均匀、致密地填入色谱柱；⑤柱的老化处理，把制备好的色谱柱装到气相色谱仪中，控制柱温高于柱使用温度20～30℃和在5～15mL·min^{-1}的载气流速下老化4～8h。老化的目的是把残留的溶剂、低沸点杂质和低沸点的固定液赶走，并使固定液在载体表面有个再分布的过程，从而使固定液涂渍得更加均匀牢固。

常用的固定液涂渍方法有三种，即：溶解－混合－自然挥发(搅拌或不搅拌)；溶解－混合用旋转蒸发器蒸发；溶解－通过载体过滤。本实验采用简化的第二种方法，用接真空系统和手摇代替旋转蒸发。实践证明这种方法的效果是较好的。

6.3.3 实验仪器及试剂

气相色谱仪；循环水真空泵；色谱柱：长1～2m、内径3～4mm的不锈钢柱。

载体：6201红色硅藻土载体，60～80目或80～100目；丙酮；固定液：邻苯二甲酸二壬酯，液－载比：10:90(固定液与载体之质量比)。

6.3.4 实验步骤

1. 色谱柱的清洗

将不锈钢色谱柱用5% ~10%的热 NaOH 溶液抽洗数次，以除去内壁污物，然后用蒸馏水冲洗至中性，再用无水乙醇抽洗数次，烘干备用。

2. 固定液涂渍

(1)载体过筛：将载体通过 60 ~80 目或 80 ~100 目筛，除去过细或过粗的颗粒。在105℃烘 2 ~4h 除去吸附水。

(2)载体与固定液的称取：

按下式计算色谱柱体积：$V = L\pi r^2$

式中，L 为柱长(cm)，r 为柱半径(cm)，V 为柱体积(mL)。用干净量筒取体积为 1.4V(mL)的载体，计算并在台秤上称量载体量 $m_{载}$(g)，再按液载比计算所需固定液量。然后，在台秤上用一个 50mL 烧杯称取固定液邻苯二甲酸二壬酯。

(3)固定液的涂渍：用20mL 丙酮(柱长 1m 时)分次将固定液溶解并转移至250mL 圆底烧瓶中，摇匀，将已称好的载体倒入烧瓶内并摇动。此时，载体应刚好被液面浸没。然后用中心插一玻璃管的橡胶塞将烧瓶塞上，再通过橡胶管将烧瓶接在循环水真空泵上(中间安装缓冲瓶)。启动水泵，在减压条件下使用丙酮徐徐蒸发完(水泵形成的负压过大时，载体将被抽入缓冲瓶，而使实验失败!)。当丙酮即将挥发完毕时，载体颗粒呈分散状态。

在整个溶剂挥发过程中，应不断轻轻摇动烧瓶，以保护载体颗粒与固定液的接触机会均等，这是涂渍优劣的关键，切不可操之过急。溶剂挥发过程结束后，将涂渍好固定液的载体转移到培养皿中，在红外灯下烘烤 0.5h，以便进一步除去残留的丙酮溶剂。

3. 装填色谱柱

标明色谱柱的出口端和入口端，先用适量玻璃棉将出口端塞住(玻璃棉太多会增加色谱柱的气阻和死体积；太少又无法堵牢填料易被载气带出色谱柱)。然后将出口端包上一小块纱布，并接到真空泵缓冲瓶的橡胶管上，入口端通过橡胶管接上漏斗。开动水泵，在减压条件下将填料(即涂好的载体)装入柱中。装填过程中要用洗耳球不断轻敲柱子两端，以使色谱柱填充得更为均匀密实，但不要用力过猛，以免载体破碎。当载体不再下沉时，将装满后的色谱柱与真空系统脱开，然后再关水泵。最后在色谱柱入口端堵上玻璃棉(约占柱头 5mm 长度)。

4. 色谱柱的老化

将柱入口端与色谱仪的气化室出口连接，并检漏。检漏的方法是通入载气后，将柱出口堵死，检查转子流量计或载气表头是否降至为零。否则，应在各接头处用肥皂水检查。检查完毕，应擦干肥皂水。注意：柱出口端在老化过程中切勿与检测器相连接，以免污染检测器！然后将柱箱温度调至固定液最高使用温度(邻苯二甲酸二壬酯为 150℃)以下 20 ~30℃加热，同时以低载气流速(约 10mL · min^{-1})通过色谱柱，以进一步除去残留丙酮及载体和固定液中的易挥发物质，并使固定液膜分布更为均匀。老化可采用低速率(如 2℃ · min^{-1})程序升温，也可采用台阶式升温，即分别在不同温度下老化一定时间。约 4h 后停机，将柱出口与检测器接通。至此就完成了色谱填充柱的制备。

6.3.5 数据处理

记录下色谱柱的装填条件。

6.3.6 注意事项

(1)某些室温下为固态的固定液或高分子固定液在用溶剂溶解时应进行回流。然后冷却加入载体，再次回流。

(2)装柱前在台秤上称一下空柱质量，装完后再称实柱，以便计算装填量。

(3)色谱柱的老化时间因载体和固定液的种类及质量而异，2 ~ 72h 不等。老化温度也可选择为实际工作温度以上 30℃。建议以低速率程序升温至最高老化温度，然后在此温度下老化一定的时间。色谱柱老化完好的标志是在实际工作条件下空白运行时，基线稳定，漂移小，无干扰峰。

6.3.7 思考题

(1)填充柱的制备应遵循哪些原则?

(2)涂渍固定液时，如果溶剂量太大或太小，对色谱柱性能有何影响?

(3)涂渍固定液时，为使载体和固定液混合均匀，可否采用强烈搅拌，为什么?

(4)色谱柱为什么必须老化?

6.3.8 流动相速度对柱效的影响

6.3.8.1 实验目的

(1)熟悉理论塔板数及理论塔板高度的概念及计算方法。

(2)绘制 $H-u$ 曲线，深入理解流动相速度对柱效的影响。

6.3.8.2 实验原理

在选择好固定相，并制备好色谱柱后，必然要测定柱的效率。表示柱效高低的参数是理论塔板数(n)和理论塔板高度(H)。人们总希望有更多的理论塔板数和很小的理论塔板高度。计算 n 和 H 的一种方法如下：

$$\eta_{理论} = 5.54\left(\frac{t'_R}{Y_{1/2}}\right)^2 = 16\left(\frac{t'_R}{Y}\right)^2 \tag{6.11}$$

$$H_{理论} = \frac{L}{\eta_{理论}} \tag{6.12}$$

式中，t'_R 为组分的调整保留时间，t_R 为组分的保留时间，t_M 为空气等非滞留组分的保留时间(称为死时间)，$Y_{1/2}$ 为色谱峰的半峰宽度，Y 为色谱峰的峰底宽度，L 为色谱柱的长度。

对气液色谱柱来说，有许多参数影响 H 值。但对给定的色谱柱来说，当其他实验参数都确定不变以后，流动相线速(u)对 H 的影响可由实验测得。将 u 以外的参数作常数，则 H 与 u 的关系可用简化的范氏方程来表示：

$$H = A + B/u + Cu \tag{6.13}$$

式中，A、B 和 C 为常数，分别代表涡流扩散、纵向分子扩散及两相传质阻力对 H 的贡献。由此可见，u 过小，使组分分子在流动相中的扩散加剧；u 过大，使组分在两相中的传质阻力增加。两者均导致柱效下降。显然，在 u 的选择上发生了矛盾。但总可以找到一个合适的流速，在此流速下，兼顾了分子扩散和传质阻力的影响，柱效最高，H 值最小。此流速称为最佳流速(u_{opt})，相应的 H 值称为最小理论塔板高度(H_{min})。流动相速度可用线速度(u)表示也可用体积流速表示。线速度用下式表示：

$$u = L/t_0 \tag{6.14}$$

式中，L 为柱长(cm)，t_0 为非滞留组分的保留时间，也称为死时间(s)。使用热导检测器时，空气的保留时间即 t_0；使用氢火焰离子化检测器时，甲烷的保留时间作为 t_0。柱后体积速度可用皂膜流量计测量，单位为 mL · min^{-1}。

6.3.8.3 实验仪器和试剂

气相色谱仪；热导检测器(TCD)；色谱柱：5%邻苯二甲酸二壬酯，2m × 3mm 不锈钢柱；热导池发生器；皂膜流量计；秒表；微量注射器。

正己烷(A. R)。

6.3.8.4 实验步骤

(1)按先通气后通电的顺序，先开启三气发生器，使载气(N_2)通入色谱仪。在气路管道的连接处检漏。若有漏气，则应迅速关闭载气阀门，并报告指导教师进行处理(更换进样口密封垫，拧紧螺母)。在确证整个色谱仪系统处于气密状态后，方可进行以下实验。

(2)设置色谱实验条件如下：载气流速：10mL · min^{-1}；柱温：100℃；气化温度及热导检测器温度：120℃；热导池电流：120mA；衰减自选。

(3)调节载气流速至某一值，待基线稳定后，注入 0.5μL 正己烷，同时按下秒表(或“开始”按钮)。当色谱峰达到顶端时，记下保留时间(t_r)。再注入 0.1mL 空气，记下保留时间(t_0)，并用皂膜流量计测定流速。重复以上操作 1 ~2 次。

(4)再分别改变 5 种不同流速(20mL · min^{-1}、40mL · min^{-1}、60mL · min^{-1}、80mL · min^{-1}、100mL · min^{-1})，每改变一种流速后，按步骤 3 进行。重复以上操作 1 ~2 次，计算时取平均值。

(5)实验结束，按操作说明书要求，先将柱温、气化温度及热导检测器温度降至室温，再关电，最后关气。

6.3.8.5 数据处理

(1)记录下气相色谱实验的各种实验条件，以及不同条件下的实验数据。

(2)作出 $H-u$ 图，并求出最佳线速及最佳理论塔板高度。

(3)比较和讨论另一组同学的 $H-u$ 图及数据。

6.3.8.6 注意事项

(1)先通入载气，再开主机电源，利于保护色谱柱，实验结束时，应先关掉电源，再关载气。

(2)操作色谱仪的旋钮及阀门时要细心缓慢。

(3)微量注射器使用不当，极易损坏。必须严格遵守教师的操作要求，正确使用微量注射器。

6.3.8.7 思考题

(1)流动相流速过高或过低，为什么使柱效下降?

(2)若载气改变为 N_2、He 后，预测 $H-u$ 曲线的变化，并解释原因。

(3)测定色谱柱的 $H-u$ 曲线，有何实用意义?

6.3.9 醇系混合物气相色谱定性定量分析

6.3.9.1 实验目的

(1)学习计算色谱峰的分辨率。

(2)掌握根据保留值对照定性的分析方法

(3)熟悉用归一化法定量测定混合物各组分的含量。

6.3.9.2 实验原理

对混合试样成功地分离，是气相色谱法完成定性及定量分析的前提和基础。衡量一对色谱峰分离的程度可用分离度 R 表示：

$$R=\frac{t_{R_i2}-t_{R_i1}}{\frac{1}{2}\times(Y_1+Y_2)} \tag{6.15}$$

式中，t_{R_i2}、Y_2 和 t_{R_i1}、Y_1 分别是两个组分的保留时间和峰底宽，当 $R=1.5$ 时，两峰完全分离；当 $R=1.0$ 时，两峰基本分离。在实际应用中，$R=1.0$ 一般可以满足需要。

用色谱法进行定性分析的目标是确定色谱图上每一个峰所代表的物质。在色谱条件一定时，任何一种物质都有确定的保留值(保留时间、保留体积、保留指数)及相对保留值等参数。因此，在相同的色谱操作条件下，通过比较已知标样和未知物的保留值可确定未知物为何种物质。

当手头上有待测组分的标样时，作与已知物的对照进行定性分析极为简单。实验时，可采用单柱比较法或双柱比较法。

单柱比较法是在相同的色谱条件下，分别对已知标样及待测试样进行色谱分析，得到两张色谱图，然后比较其保留参数，当两者的数值相同或基本相同时，即可认为待测试样中有纯样组分存在。

双柱比较法是在两个极性完全不同的色谱柱上，在各自确定的操作条件下，测定标样和待测组分在其上的保留值，如果都相同，则可准确地判断试样中有与此标样相同的物质存在。由于有些不同的化合物会在某一固定相上表现出相同的热力学性质，故双柱比较法定性比单柱比较法更为可靠。

在一定的色谱条件下，组分 i 的质量 m_i 或其在流动相中的浓度，与检测器的响应信号峰面积 A_i 或峰高 h 成正比：

$$m_i = f_i^{\mathrm{A}} \cdot A_i \text{ 或 } m_i = f_i^{\mathrm{h}} \cdot h_i \tag{6.16}$$

式中，f_i^{A} 和 f_i^{h} 称为绝对校正因子。上式是色谱定量的依据。不难看出，响应信号 A、h 及校正因子的准确测量直接影响分析的准确度。

峰面积的大小受操作条件如校温、流动相的流速、进样速度等因素的影响较小，在相同的色谱条件下主要受样品含量影响，故峰面积更适于作为定量分析的参数。现代色谱仪中一般都配有准确测量色谱峰面积的电学积分仪。而手工测量则首先测量峰高 h 和半峰宽 $Y_{1/2}$，然后按下式计算：

$$A_i = 1.065 h_i \cdot Y_i \tag{6.17}$$

当峰形不对称时，则可按下式计算：

$$A = \frac{1}{2} h_i (Y_{0.15} + Y_{0.85}) \tag{6.18}$$

式中，$Y_{0.15}$ 和 $Y_{0.85}$ 分别为峰高在 0.15 和 0.85 处的峰宽值。

由绝对校正因子定义，绝对校正因子可用下式表示：

$$f_i^{\mathrm{A}} = \frac{m_i}{A_i} \tag{6.19}$$

式中，m_i 可用质量、物质的量及体积等物理量表示，相应的校正因子分别称为质量校正因子、摩尔校正因子和体积校正因子。由于绝对校正因子受仪器和操作条件的影响很大，其应用受到限制，一般采用相对校正因子。相对校正因子是指组分 i 与基准组分 s 的绝对校正因子之比，即：

$$f_{is}^{\mathrm{A}} = \frac{A_s m_i}{A_i m_s} \tag{6.20}$$

因绝对校正因子很少使用，一般文献上提到的校正因子就是相对校正因子。

根据不同的情况，可选用不同的定量方法。归一化法是将样品中所有组分含量之和按 100% 计算，以它们相应的响应信号为定量参数。通过下式计算各组分的质量分数：

$$\omega_1 = \frac{m_i}{m(总)} = \frac{f_{is}^{A} \cdot A_i}{f_{1s}^{A} \cdot A_1 + f_{2s}^{A} \cdot A_2 + \cdots + f_{ns}^{A} \cdot A_n} \times 100\% = \frac{f_{is}^{A} \cdot A_i}{\sum_{i=1}^{n} f_{is}^{A} \cdot A_i} \tag{6.21}$$

该法简便、准确。当操作条件变化时，对分析结果影响较小，常用于定量分析，尤其适于进样量少而体积不易准确测量的液体试样。但采用本法进行定量分析时，要求试样中各个组分都产生可测量的色谱峰。

6.3.9.3 实验仪器和试剂

气相色谱仪；秒表；注射器：10μL，100μL；带磨口试管若干。

正己烷、环己烷、苯、甲苯(均为 A. R)；未知的混合试样。

6.3.9.4 实验步骤

(1)开启色谱仪，按仪器操作步骤，调至可进样状态，待仪器上电路和气路系统达到平衡、记录仪上基线平直时，即可进样。

(2)实验条件：色谱柱全长2m，内径2mm；流动相：氢气；柱温：100℃；汽化温度：120℃；检测器温度：120℃；桥电流：110mA；载气流速：稍高于0.1L·min^{-1}。

(3)准确配制正己烷：糖环己烷：糖苯：糖甲苯为1：1：1.5：2.5(质量比)的标准溶液，以备测量校正因子。

(4)进未知混合试样约1.4~2μL和空气20~40μL，各2~3次，调节工作站的参数，得到合适的色谱图。记录色谱图上各峰的保留时间 t_R 和死时间 t_M。

(5)分别注射正己烷、苯、环己烷、甲苯等纯试剂0.2μL，各2~3次，记录色谱图上各峰的保留时间 t_M。

(6)进1.4~2.0μL已配制好的标准溶液2~3次，记录色谱图及各峰的保留时间。

(7)在与操作(6)完全相同的条件下，每次进1.4~1.6μL未知混合试样，2~3次，调节工作站的参数，得到合适的色谱图，打印色谱图及各峰的保留时间 t_R。

6.3.9.5 结果处理

(1)用步骤6所得数据，计算前3个峰中，每2个峰间的分辨率。

(2)比较步骤4和步骤5所得色谱图及保留时间，指出未知混合试样中各色谱峰对应的物质。

(3)用步骤6所得数据，以苯为基准物质，计算各组分的质量校正因子。

(4)用步骤7所得色谱图，计算未知混合试样中各组分的质量分数。

6.3.9.6 注意事项

(1)钢瓶的工作压力一定要控制在规定范围内，不得超压工作。必须切记，保障安全。

(2)实验结束后，检查仪器是否正常，关闭是否正确。

6.3.9.7 思考题

(1)本实验中，进样量是否需要非常准确？为什么？

(2)将测得的质量校正因子与文献值比较。

(3)试说明3种不同单位校正因子的关系和联系。

(4)试根据混合试样各组分及固定液的性质，解释各组分的流出顺序。

6.3.10 邻二甲苯中杂质的气相色谱分析

6.3.10.1 实验目的

学习内标法定量的基本原理和测定试样中的杂质含量方法。

6.3.10.2 实验原理

对于试样中少量杂质的测定，或仅需测定试样中某些组分时，可采用内标法定量。内标法测定时需要试样中加入一标准物质作内标物，而内标物质应符合：①试样中不存在的纯物质；②内标物质的色谱峰位置，应位于被测组分色谱峰的附近；③其物理化学性质应与被测组分相近；④加入的量应与被测组分含量接近。

设在质量为 m 的试样中加入内标物质的质量为 m_s，被测组分的质量为 m_i，被测组分及内标物质的色谱峰的面积(或峰高)分别为 A_i、A_s(或 h_i、h_s)，则 $m_i = f_iA_i$，$m_s = f_sA_s$，

$$\frac{m_i}{m_s} = \frac{f_iA_i}{f_sA_s},\quad m_i = m_s\frac{f_iA_i}{f_sA_s} \tag{6.22}$$

$$\% c_i = \frac{m_i}{m_{试样}} \times 100, \% c_i = \frac{m_s}{m_{试样}} \cdot \frac{f_iA_i}{f_sA_s} \times 100 \tag{6.23}$$

若以内标物质作标准，则可设 $f_s = 1$，可按下式计算被测组分的含量，即：

$$\% c_i = \frac{m_s}{m_{试样}} \cdot \frac{f_iA_i}{A_s} \times 100, \% c_i = \frac{m_i}{m_{试样}} \cdot \frac{f_i''h_i}{h_s} \times 100 \tag{6.24}$$

式中，f_i''为峰高相对质量校正因子。

也可用配制一系列标准溶液，测得相应的 A_i/A_s(或 h_i/h_s)绘制 $h_i/h_s - c\%$ 标准曲线。这样可在无须预先测定f_i(或f_i'')的情况下，称取固定量的试样和内标物质，混匀后即可进样，根据 A_i/A_s 之值求得 $c_i\%$。

内标法定量结果准确，对于进样量及操作条件不需要严格控制，内标准曲线法更适用于工厂的控制分析。本实验选用甲苯作内标物质，以内标标准曲线法，测定邻二甲苯中苯、乙苯、1，2，3－三甲苯的杂质含量。

6.3.10.3 实验仪器和试剂

气相色谱仪；色谱柱；氮气或氢气钢瓶；微量进样器10μL；医用注射器5mL、10mL。

苯、甲苯、乙苯、邻二甲苯、1，2，3－三甲苯、乙醚等均为分析纯。

按表6.1配制一系列标准溶液，分别置于5个100mL容量瓶中，混匀备用。

表6.1　标准溶液配制

编号	苯/g	甲苯/g	乙苯/g	邻二甲苯/g	1，2，3－三甲苯/g
1	0.66	3.03	2.16	38.13	2.59
2	1.32	3.03	4.32	38.13	5.18
3	1.98	3.03	6.48	38.13	7.77
4	2.64	3.03	8.64	38.13	10.36
5	3.30	3.03	10.80	38.13	12.95

6.3.10.4　实验步骤

(1)称取未知试样11.0g于25mL容量瓶中，加入0.61g甲苯，混合备用。

(2)根据实验条件，将色谱仪器操作步骤调节至待进样状态，待仪器的电路和气路系统达到稳定，记录仪上的基线平直时，即可进样。

(3)实验条件：固定相：邻苯二甲酸二壬酯：6201担体(15∶100)，60～80目；流动相：氮气，流量为15mL·min^{-1}；气化温度：150℃；检测器：热导池；桥电流：110mA；衰减比：1/1；进样量：3μL。

(4)依次分别吸取上述各标准溶液3～5μL进样，记录色谱图。重复进样两次，并于谱图上标明标准溶液号码。

(5)在同样条件下，吸取已配入甲苯的未知试样3μL进样，记录色谱图，并重复进样两次。

(6)如果时间允许，在指导老师许可下，适当改变柱温(但不得超过固定液最高使用温度)进样实验，观察分离情况。例如改变±10℃。

6.3.10.5　数据处理

(1)记录实验条件。

(2)测量各色谱图上各组分色谱峰高 h_i 值，并填入表6.2中。

表6.2　数据记录

编号	$h_{苯}$/mm				$h_{甲苯}$/mm				$h_{乙苯}$/mm				$h_{1,2,3-三甲苯}$/mm			
	1	2	3	平均值	1	2	3	平均值	1	2	3	平均值	1	2	3	平均值
1																
2																
3																
4																
5																
未知																

(3)以甲苯作内标物质，计算 m_i/m_s、h_i/h_s 值，并填入表6.3中。

表6.3 数据记录

编号	苯/甲苯		乙苯/甲苯		1，2，3-三甲苯/甲苯	
	m_1/m_2	h_1/h_2	m_1/m_2	h_1/h_2	m_1/m_2	h_1/h_2
1						
2						
3						
4						
5						
未知						

(4)绘制各组分 $h_i/h_s \sim m_i/m_s$ 的标准曲线图。

(5)根据未知试样的 h_i/h_s 值，于标准曲线上查出相应的 m_i/m_s 值。

(6)计算未知试样中苯、乙苯、1，2，3-三甲苯的百分含量。

6.3.10.6 思考题

1. 内标法定量有何优点，它对内标物质有何要求？
2. 实验中是否要严格控制进样，实验条件若有所变化是否会影响测定结果，为什么？
3. 在内标标准曲线法中，是否需要使用校正因子，为什么？
4. 试讨论色谱柱温度对分离的影响。

6.4 仪器部分

6.4.1 GC122型气相色谱仪

气相色谱法适用于分析具有一定蒸气压且热稳定性好的组分，对气体试样和受热易挥发的有机物可直接进行分析，而对500℃以下不易挥发或受热易分解的物质可采用衍生化法或裂解法。气相色谱仪由载气源、进样部分、色谱柱、柱温箱、检测器和数据处理系统组成。进样部分、色谱柱和检测器的温度均在控制状态。以GC122型气相色谱仪为例(图6.2)。

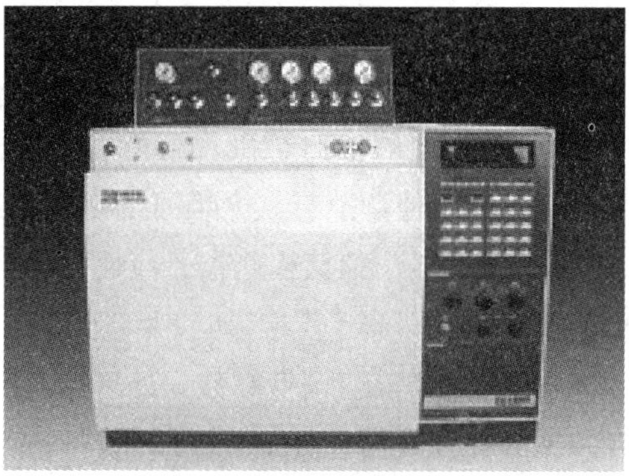
图6.2 GC122型气相色谱仪

1. 仪器构造

(1)载气源：气体氦、氩、氮和氢可用作气相色谱法的流动相，除另有规定外，常用载气为氮气。

(2)进样部分：进样方式一般可采用溶液直接进样或顶空进样。采用溶液直接进样时，进样口温度应高于柱温30～50℃。顶空进样适用于固体和液体中挥发性组分的分离及测定。

(3)色谱柱：根据需要选择。新填充柱和毛细管柱在使用前需老化以除去残留溶剂及低分子量的聚合物，色谱柱如长期未用或长期使用后，也应老化处理，使基线稳定。

(4)柱温箱：柱温箱温度的波动会影响色谱分析结果的重现性，因此柱温箱控温精度应在±1℃，且温度波动小于每小时0.1℃。

(5)检测器：适合气相色谱法的检测器有火焰离子化检测器(FID)、热导检测器(TCD)、氮磷检测器(NPD)、火焰光度检测器(FPD)、电子捕获检测器(ECD)、质谱检测器(MS)等。火焰离子化检测器对碳氢化合物响应良好，适合检测大多数的有机物；氮磷检测器对含氮、磷元素的化合物灵敏度高；火焰光度检测器对含磷、硫元素的化合物灵敏度高；电子捕获检测器适于含卤素等电负性大的化合物；质谱检测器还能给出供试品某个成分相应的结构信息，可用于结构确证。除另有规定外，火焰离子化检测器一般用氢气作为燃气，空气作为助燃气。在使用火焰离子化检测器时，检测器温度一般应高于柱温，并不得低于150℃，以免水汽凝结，通常为250～350℃。

(6)数据处理系统：目前多用计算机工作站。

2. 仪器使用方法

(1)按说明书要求安装好载气、燃气和助燃气的气源气路与气相色谱仪的连接，确保不漏气。配备与仪器功率适应的电路系统，将检测器输出信号线与数据处理系统连接好。

(2)开启仪器前，首先接通载气气路，打开稳压阀和稳流阀，调节至所需的流量。

(3)在载气气路通有载气的情况下，先打开主机总电源开关，再分别打开汽化室、柱恒温箱、检测器室的电源开关，并将调温旋钮设定在预定数值。

(4)待汽化室、柱恒温箱、检测器室达到设置温度后，可打开热导池检测器，调节好设定的桥电流值，再调节平衡旋钮、调零旋钮，至基线稳定后，即可进行分析。

(5)若使用氢火焰离子化检测器，应先调节燃气(氢气)和助燃气(空气)的稳压阀及针形阀，达到合适的流量后，按点火开关，使氢焰正常燃烧；打开放大器电源，调节基流补偿旋钮和放大器调零旋钮至基线稳定后，即可进行分析。

(6)若使用氮磷检测器和火焰光度检测器，点燃火焰后，调节燃气和助燃气流量的比例至适当值，其他调节与氢火焰离子化检测器相似。

(7)若使用电子捕获检测器，应使用超纯氮气并经24h烘烤后，使基流达到较高值再分析。

(8)每次进样前应调整好数据处理系统，使其处于备用状态。进样后由绘出的色谱图和打印出的各种数据来获得分析结果。

(9)分析结束后，先关闭燃气、助燃气气源，再依次关闭检测器桥路或放大器电源，汽化室、柱恒温箱、检测器室的控温电源，待仪器加热部件冷却至室温后，关闭仪器总电源，最后关闭载气气源。

6.4.2 GC－7890Ⅱ型气相色谱仪

1. 仪器构造

GC－7890Ⅱ型气相色谱仪由柱箱、进样器、检测器、气路控制系统和计算机控制系统组成(图6.3)。

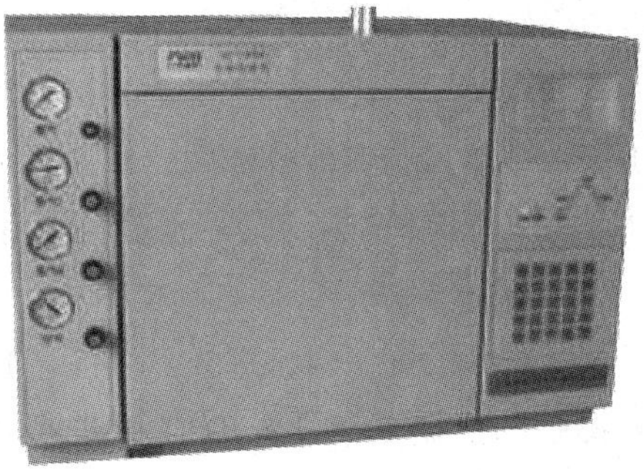

图6.3 GC－7890Ⅱ型气相色谱仪

可以选配的检测器有氢火焰离子化检测器(FID)、热导池检测器(TCD)、电子捕获检测器(ECD)、火焰光度检测器(FPD)、氮磷检测器(NPD)。

气路控制系统装有稳压阀、稳流阀和针形阀，从而保证了仪器定性定量的重复性。采用高精度的刻度稳流阀和刻度针形阀保证流量的准确性与重复性，而且使用方便。

2. 仪器使用方法

(1)FID检测器的操作使用：

①按照所用色谱柱的老化条件充分老化色谱柱。

②将色谱柱与FID检测器相连接。

③打开净化器上的载气开关阀，然后用检漏液检漏，保证气密性良好。调节载气流量为适当值(根据刻度－流量表或用皂膜流量计测得)。

④打开电源开关，根据分析需要设置柱温、进样温度和FID检测器的温度(FID检测器的温度应>100℃)。

⑤打开净化器的空气、氢气开关阀，分别调节空气和氢气流量为适当值(根据刻度－流量表或用皂膜流量计测得)。

⑥待FID检测器的温度升高到100℃以上后，按"FIRE"键，点燃FID检测器的火焰。如果FID检测器的温度低于100℃时点火，会造成检测器内积水，影响检测器的稳定性。

⑦设置FID检测器微电流放大器的量程。量程分为10、9、8、7四挡，量程为10时，FID检测器的微电流放大器灵敏度最高，量程为9时则灵敏度降低至1/10，其余依此类推。量程通过"RANGE"来设置。

⑧设置输出信号的衰减值。衰减分0～8九挡，分别表示输出信号的2^0～2^8衰减输出。

⑨将信号线与积分仪连接，即将仪器所附的信号线插到“SIGNAL A”插座上，将信号线另一头的叉形焊片与积分仪连接。

⑩调节调零电位器使FID输出信号在积分仪的零位附近。

GC－7890Ⅱ型气相色谱仪FID检测器在日常关机时，应当先将高效净化器的氢气和空气的开关阀关闭，以切断FID检测器的燃气和助燃气将火焰熄灭，然后降温，在柱箱温度低于80℃以下才能关闭电源开关和载气。

(2)TCD检测器的操作使用：

①按照所用色谱柱的老化条件充分老化色谱柱。

②将色谱柱连接到TCD检测器上。

③将净化器上的载气开关阀打开，用检漏液检漏，保证气密性良好。

④调节两路载气的稳流阀到适当值(根据刻度－流量表或用皂膜流量计实际测定)，并使两路载气的流量相等。

⑤打开电源开关，根据分析需要设置柱温、进样器温度、TCD检测器温度。

⑥确认载气流入TCD检测器的前提下，设置TCD检测器电流。TCD检测器电流设置范围为50～250mA，增量为10mA。

⑦将信号线与积分仪连接，即将仪器所附的信号线插到“SIGNAL B”插座上。

⑧调节调零电位器使TCD检测器的输出信号在积分仪的零位附近。

⑨进样后如出反峰，请切换输出信号极性。

⑩GC－7890Ⅱ型气相色谱仪的TCD检测器在结束日常的分析工作后，应当先将检测器的电流设置为零，再等到柱箱、进样器和检测器的温度降低到80℃以下才能关闭电源开关及载气。

(3)ECD检测器的操作使用：

①在仪器气路系统背面的放空接头上，连接放空管道并排到窗外。将脱氧管安装在净化器后。

②按照所用色谱柱的老化条件充分老化色谱柱。

③将色谱柱安装到ECD检测器上。

④打开净化器上的载气开关阀，然后用检漏液检漏，保证气密性良好。

⑤调节载气稳流阀流量为适当值(根据刻度－流量表或用皂膜流量计测得)。

⑥打开电源开关，根据分析需要设置柱温、进样器温度和ECD检测器的温度。

⑦ECD检测器需要设置的参数有两个，一个是频率，另一个是电流。

电子捕获检测器的频率有两挡(×1、×10)，如果需要设置为10。

⑧ECD检测器输出信号的衰减分0～8共九挡，分别表示输出信号为2^0～2^8输出。

⑨将信号与积分仪连接。即将仪器所附信号线的插头插到“SIGNAL A”插座上，将信号线另一头的叉形焊片与积分仪连接。

⑩调节调零电位器使ECD检测器的输出信号在记录仪或积分仪零位附近。

⑪进样后如出反峰，请将信号线的正负极性位置对调。

⑫ECD 检测器日常的关机应当先将柱箱、进样器和检测器的温度降低到 80℃以下，然后再关小载气，应保留一定流量(约 5mL · min^{-1})的载气以保护放射源，最后再关闭电源。

(4)NPD 检测器的操作使用：

①确定 NPD 检测器、微电流放大器、电源控制器已正确安装，连接好离子信号线、铷珠电源线、电源控制器的电源线以及接地线等。

②打开净化器上的载气开关阀，然后用检漏液检漏，保证气密性良好。调节载气流量为适当值(根据刻度 - 流量表或用皂膜流量计测得)。

③按照所用色谱柱的老化条件充分老化色谱柱。

④将色谱柱与 NPD 检测器相连接。

⑤打开主机电源开关，根据分析需要设置柱温、进样温度和 NPD 检测器的温度。

⑥打开净化器的空气、氢气开关阀，分别调节空气和氢气流量为适当值(根据刻度 - 流量表或用皂膜流量计测得)。

⑦设置 NPD 检测器微电流放大器的量程。一般情况下，NPD 检测器微电流放大器的量程选择是用主机控制面板上的"RANGE A"键。但是，当主机上同时装有 FID 检测器和 NPD 检测器时，NPD 检测器微电流放大器的量程选择是用主机控制面板上的"RANGE B"键。

NPD 检测器微电流放大器的量程选择范围为 9，8 两挡，量程为 9 时，NPD 检测器的微电流放大器灵敏度最高，量程为 8 时则灵敏度降低至 1/10，其余依此类推。

⑧设置输出信号的衰减值。衰减分 0 ~ 8 九挡，分别表示输出信号的 $2^0 \sim 2^8$ 衰减输出。

⑨调节 NPD 检测器电源控制器的电位器，使电流为适当值。氮磷检测器(NPD)铷珠表面温度是一个关键因素，一般来说要提高检测器的灵敏度，与提高铷珠表面温度是正比例关系，但是对基线的噪声也会同时增大，检测器的基始电流在很大程度上受铷珠温度的控制。在操作时建议调节铷珠电流使基始电流处于 $2 \times 10^{-11} \sim 2.5 \times 10^{-11}$ A 范围内，此时检测器有较高的灵敏度与信噪比，为了获得更好的信噪比，可以通过改变氮气流量、氢气流量与铷珠的加热电流的方法来获得。

⑩将信号与积分仪连接，即将仪器所附信号线插到"SIGNAL A"插座上，将信号线另一头的叉形焊片与积分仪连接。

⑪调节调零电位器 A 使 NPD 输出信号在记录仪或积分仪零位附近。

⑫进样后如出反峰，请将信号线正负极性位置对调。

⑬NPD 检测器日常的关机应当先关闭铷珠电流，即先用电源控制器上的电流设定电位器将铷珠电流调到最小，然后关闭电源控制器的电源开关。再关闭氢气、空气，让 NPD 检测器熄火。再将柱箱、进样器和检测器的温度降低到 80℃以下，然后关闭电源。最后关闭载气。

(5)FPD 检测器的操作使用：

①确认 FPD 检测器、FPD 电路板(微电流放大器)等已安装好，连接好光导纤维管、信号线等。

②打开净化器上的载气开关阀，然后用检漏液检漏，保证气密性良好。调节载气流量

为适当值（根据刻度－流量表或用皂膜流量计测得）。

③按照所用色谱柱的老化条件充分老化色谱柱。

④将色谱柱安装到FPD检测器。

⑤打开电源开关，根据分析需要设置柱温、进样温度和FPD检测器的温度。

⑥打开净化器的空气、氢气开关阀，分别调节空气和氢气流量为适当值（根据刻度－流量表或用皂膜流量计测得）。

⑦待FPD检测器的温度升高到100℃以上后，按“FIRE”键，点燃FPD检测器的火焰，由于FPD检测器的空气和氢气流量较大，因此点火时可听到明显的爆鸣声。如果FPD检测器的温度低于100℃时点火，会造成检测器内积水，影响检测器的稳定性。

⑧设置FPD检测器微电流放大器的量程。量程分为10、9、8、7四挡，量程为10时，FPD检测器的微电流放大器灵敏度最高，量程为9时则灵敏度降低至1/10，其余依此类推。FPD检测器较常用的量程为8。量程通过“RANGE”来设置。

⑨设置输出信号的衰减值。衰减分0～8九挡，分别表示输出信号的2^0～2^8衰减输出。

⑩将信号线与积分仪连接，即将仪器所附的信号线插到“SIGNAL B”插座上，将信号线另一头的叉形焊片与积分仪连接。

⑪调节调零电位器使FID输出信号在积分仪的零位附近。

⑫进样后如出反峰，请将信号线叉形焊片的正负位置对调。

⑬GC－7890Ⅱ型气相色谱仪FPD检测器在日常的关机时，应当先将高效净化器的氢气和空气的开关阀关闭，以切断FPD检测器的燃气和助燃气将火焰熄灭，然后降温，在柱箱温度低于80℃以下才能关闭载气和电源开关。

第 7 章　电化学分析法

7.1　概述

电化学分析法是利用物质的电学和电化学性质进行分析的方法。它通常是使待测的试样溶液构成一化学电池(电解池或原电池)，然后根据所组成电池的某些物理量与其化学量之间的内在联系来进行测定。电化学分析法可分电导分析法、电位分析法、库仑分析法、伏安分析法、电位滴定法、电流滴定法、电导滴定法和电解分析法等。

7.2　电化学分析法原理

7.2.1　电位滴定法原理

电位滴定法是根据电池电动势在滴定过程中的变化来确定滴定终点的一种方法。它并不是利用电位的数值直接计算离子的活度，因此与直接电位法相比，受电极的性质、液接电位和不对称的影响要小得多，它的准确度与一般容量分析法相当。

电位滴定法的优点是它可以应用于不能使用滴定剂的场合，如待测试液混浊、有色或者缺乏合适的指示剂等，并且便于实现自动化。电位滴定法装置如图 7.1 所示。

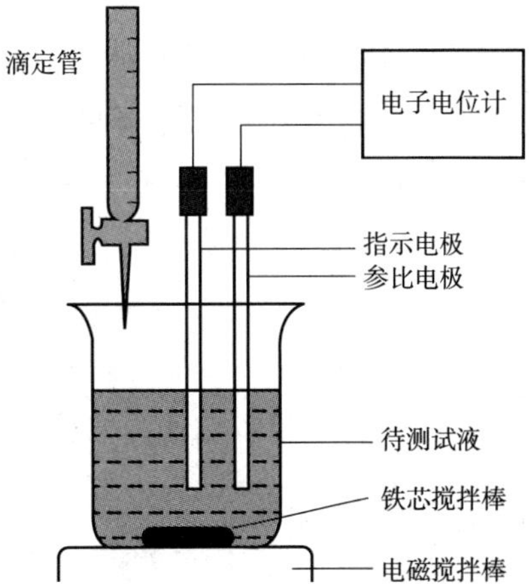

图 7.1　电位滴定法装置

进行电位滴定时，每加一次滴定剂，测定一次电动势，直到超过计量点为止。这样就得到一系列的滴定剂用量(V)和相应的电动势(E)或 pH 数据。滴定终点可以用作图法或二阶微商内插法计算求得。

1. 滴定终点的确定

(1)$E-V$ 曲线法：用加入滴定剂的体积(V)作横坐标，电动势读数(E)作纵坐标，绘制 $E-V$ 曲线，曲线上的转折点即为化学计量点(图 7.2)。

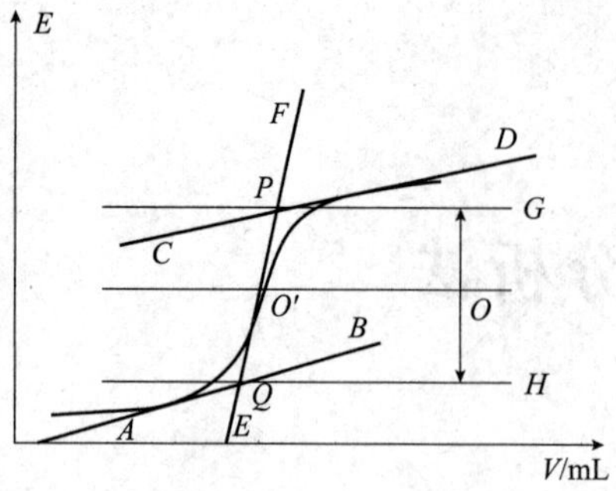

图7.2　E－V曲线

在滴定曲线两端平坦处作 AB 和 CD 两条切线，在曲线“突跃”部分作 EF 切线与 AB 及 CD 二切线相交于 P、Q 两点，通过 P、Q 两点作 PG、QH 两条线平行于横坐标，然后在此两条线之间作垂直直线，在垂线之半 O 点处，作 OO' 线平行于横坐标；此 O' 点成为拐点，即为化学计量点。此 O' 点的横坐标和纵坐标分别为化学计量点的滴定剂的体积(mL)和 E 值。

(2)$(\Delta E/\Delta V)-V$ 曲线法：$\Delta E/\Delta V$ 值对 V 作图，可得一呈现尖峰状极大的曲线，尖峰所对应的 V 值即为滴定终点(图7.3)。

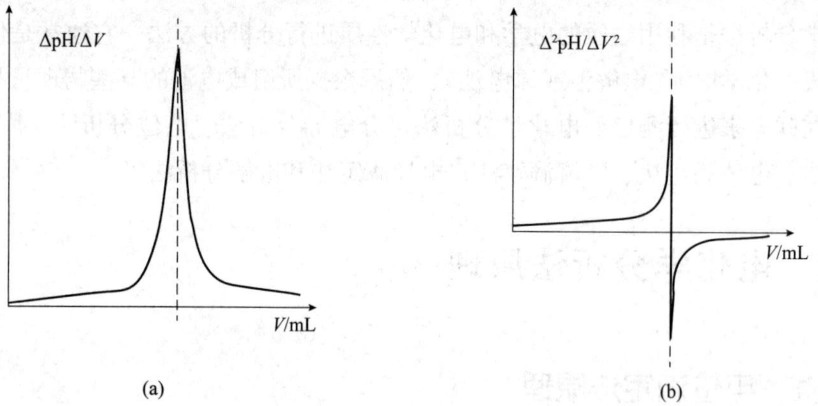

图7.3　$(\Delta E/\Delta V)-V$ 曲线

(3)二级微商计算法：从二级微商曲线可见，当 $\Delta^2E/\Delta V^2$ 的两个相邻值出现相反符号时，两个滴定体积 V_1，V_2 之间，必有 $\Delta^2E(\varphi)/\Delta V^2=0$ 的一点，该点对应的体积为 V_{ep}。用线性内插法求得 V_{ep}、E_{ep}：

$$\frac{\Delta^2E}{\Delta V^2}=\frac{\left(\dfrac{\Delta E}{\Delta V}\right)_2-\left(\dfrac{\Delta E}{\Delta V}\right)_1}{\Delta V} \tag{7.1}$$

$$V_{ep}=V_1-(V_2-V_1)\times\frac{\Delta^2E_1/\Delta V_1^2}{(\Delta^2E_1/\Delta V_1^2)-(\Delta^2E_2/\Delta V_2^2)} \tag{7.2}$$

$$E_{ep}=E_1-(E_2-E_1)\times\frac{\Delta^2E_1/\Delta V_1^2}{(\Delta^2E_1/\Delta V_1^2)-(\Delta^2E_2/\Delta V_2^2)} \tag{7.3}$$

7.2.2　循环伏安法原理

循环伏安法由静止电极上三角波形的线性电位扫描实现。其电位与扫描时间的关系如图7.4所示。扫描电压呈等腰三角形，如果前半部分扫描为待测物质在电极上被还原的阴极过程，则后半部分扫描为还原产物重新被氧化的阳极过程。因此，一次三角波扫描完成一个还原过程和氧化过程的循环，故称为循环伏安法。

在电位扫描过程中，记录的电流－电位曲线图称为循环伏安图，如图7.5所示。假定初始时溶液中仅有氧化型组分存在，初始半圈扫描方向选择负电位方向，初始电位选择为还原反应未发生的电位处，这样，当电位扫描到接近于氧化还原电位特征电位时，阴极电流开始增加，一直达到峰值。当电位在还原区内扫描到一定范围后(通常至少为阴极电流出现后90mV处)，电位扫描方向反转。在反向扫描过程中，还原型Red(在正扫时产生的并累积在电极表面附近)，被再次氧化为Ox，并产生阳极峰。

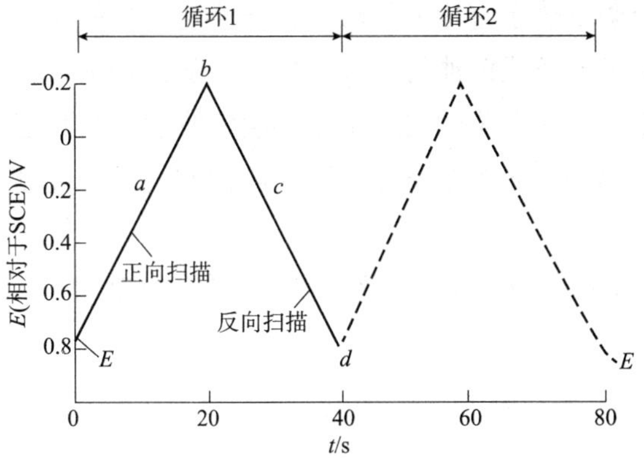

图7.4　循环伏安法中电位与时间的关系

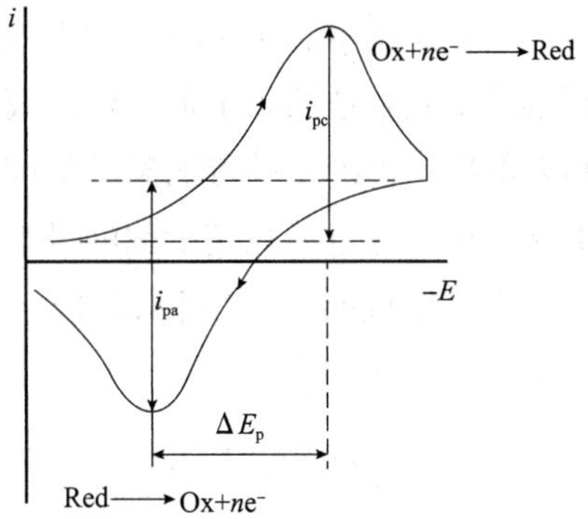

图7.5　可逆体系氧化还原过程中的循环伏安图

循环伏安图以若干重要的参数为特征。其中两个峰电流值及其比值，两个峰电位值及其差值是循环伏安法中最为重要的参数。在可逆体系中，循环伏安图的上下两部分基本上是对称的。研究表明，可逆波的峰电流 i_p，符合兰德尔斯－休维奇方程式，即：

$$i_p = Kn^{3/2}AD^{1/2}\nu^{1/2}c \tag{7.4}$$

式中，n 为电极反应的电子数，D 为扩散系数，A 为电极表面积，ν 为扫描速率，c 为溶液本体中被测物的浓度，K 为与温度相关的常数。

由于 $D_{Ox} = D_{Red}$，两峰电流的比值：

$$\frac{i_{pa}}{i_{pc}} = 1 \tag{7.5}$$

7.3　实验部分

7.3.1　磷酸溶液的电位滴定

7.3.1.1　实验目的

1. 掌握电位滴定的基本原理；
2. 学习电位滴定的基本操作技术；
3. 运用 pH－V_{NaOH} 曲线和“三切线”方法确定滴定终点；
4. 学习电位滴定方法测定磷酸的浓度；

5. 学习电位滴定方法测定磷酸的各级离解常数。

7.3.1.2 实验原理

电位分析法是一种通过测量电极电位来测定物质量的分析方法。电位分析法有两种分析方式：直接电位法和电位滴定法。电位滴定法是在滴定过程中通过测量电位变化以确定滴定终点的方法，和直接电位法相比，电位滴定法不需要准确地测量电极电位值，因此，温度、液体接界电位的影响并不重要，其准确度优于直接电位法，普通滴定法是依靠指示剂颜色变化来指示滴定终点，如果待测溶液有颜色或浑浊时，终点的指示就比较困难，或者根本找不到合适的指示剂。电位滴定法是靠电极电位的突跃来指示滴定终点。在滴定到达终点前后，滴液中的待测离子浓度往往连续变化 n 个数量级，引起电位的突跃，被测成分的含量仍然通过消耗滴定剂的量来计算。

本实验以玻璃电极（指示电极）与饱和甘汞电极（参比电极）插入试液组成工作电池，其电池组成式如下：

$$\underbrace{\text{Ag, AgCl} \mid \text{HCl} \mid \text{玻璃膜} \mid \text{试液溶}}_{\varphi\text{玻璃}}\underbrace{\text{液} \mid\mid}_{\varphi\text{液接}}\underbrace{\text{KCl(饱和)} \mid Hg_2Cl_2\text{(固), Hg}}_{\varphi\text{甘汞}}$$

电池的电动势为：

$$\begin{aligned} E &= E_{甘汞} - E_{玻璃} + E_{液接} \\ &= E_{Hg_2Cl_2/Hg} - (E_{AgCl/Ag} + E_{膜}) + E_{液接} \\ &= E_{Hg_2Cl_2/Hg} - E_{AgCl/Ag} - K - \frac{2.303RT}{F}\lg a_{H^+} + E_L \end{aligned}$$

$$\therefore E = K' + \frac{2.303RT}{F}\text{pH}$$

$$25℃：E = K' + 0.059\text{pH}$$

滴定过程中，随着滴定剂的加入，发生化学反应，待测离子（H^+）活度（浓度）发生变化，指示电极的电极电位（或电池电动势）也随着发生变化，由上述方程中得知，也等同于溶液 pH 值的变化，在化学计量点附近，溶液的 pH 值（电位或电动势）发生突跃，由此确定滴定的终点。因此电位滴定法与一般滴定分析法的根本不同是确定终点的方法不同。

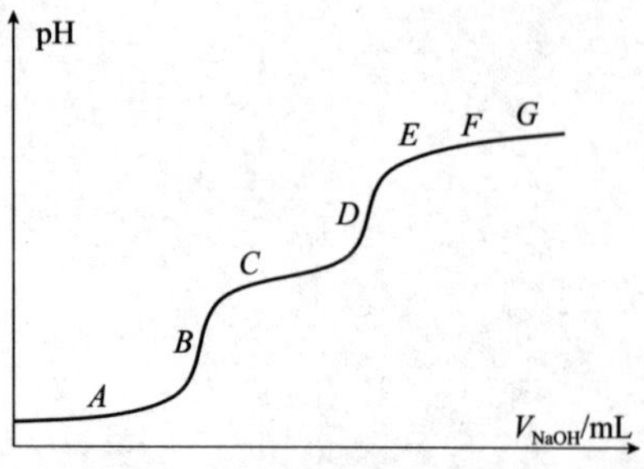

图 7.6 磷酸溶液的滴定曲线

1. H_3PO_4 浓度的测定

由 NaOH 滴定多元弱酸 H_3PO_4 时，滴定分步进行。由于 H_3PO_4 的 $pK_{a2} - pK_{a1} > 5$，H_3PO_4 被滴定到 $H_2PO_4^-$ 时，出现第一个突跃；$pK_{a3} - pK_{a2} > 5$，$H_2PO_4^-$ 进一步滴定到 HPO_4^{2-} 时，出现第二个突跃。但因 $cK_{a3} < 10^{-8}$，HPO_4^{2-} 不能被继续准确滴定。NaOH 滴定 H_3PO_4 的滴定曲线如图 7.6 所示。

2. H_3PO_4 的离解常数测定

K_{a1}的测定：

H_3PO_4 的第一级离解为：

$$H_3PO_4 \longrightarrow H_2PO_4^- + H^+ ,\ K_{a1} = [H_2PO_4^-][H^+]/[H_3PO_4]$$

在未滴加 NaOH 时，H_3PO_4 离解生成 $H_2PO_4^-$ 和 H^+，$[H^+] = [H_2PO_4^-]$，$[H^+]$可由 pH 测定求得；H_3PO_4 的总浓度$[H_3PO_4]_T$由滴定至第 1 化学计量点时 NaOH 消耗的量计算。

在滴定曲线上 C'点是由 H_3PO_4 的化学计量点一半处，第 1 化学半计量点。在 C'点，

$$[H_3PO_4] = [H_2PO_4^-],\ 可得\ K_{a1} = [H^+]_{C'}$$

3. K_{a2}的测定

$$由\ H_2PO_4^- \longrightarrow HPO_4^{2-} + H^+ ,\ K_{a2} = [HPO_4^{2-}][H^+]/[H_2PO_4^-]$$

在滴定曲线上 C''点是由 $H_2PO_4^-$ 的化学计量点一半处，第 2 化学半计量点。在 C''点，

$$[H_2PO_4^-] = [HPO_4^{2-}],\ 可得\ K_{a2} = [H^+]_{C''}$$

因为，H_3PO_4 的 K_{a1} 比较大，而 K_{a3}较小，因此在 C 点由 $H_2PO_4^-$ 与 H^+结合成 H_3PO_4 以使$[HPO_4^{2-}]$减小，以及由$[HPO_4^{2-}]$离解生成 PO_4^{3-} 以使$[HPO_4^{2-}]$减少引起的误差都不大，因此可用上式计算 K_{a2}。

4. K_{a3}的测定

$$由\ HPO_4^{2-} \longrightarrow PO_4^{3-} + H^+ ,\ K_{a3} = [PO_4^{3-}][H^+]/[HPO_4^{2-}]$$

K_{a3}极小，只能用间接法测定。首先由从第二终点 D 至任意点 G 滴入的 NaOH 体积$(V_{NaOH})_{DG}$可从下式求得$[OH^-]_{DG}$；

$$[OH^-]_{DG} = M_{NaOH}(V_{NaOH})_{DG}/[V_{H_3PO_4} + (V_{NaOH})_G]$$

$V_{H_3PO_4} + (V_{NaOH})_G$为 G 点处测量杯中溶液总体积，其中 $V_{H_3PO_4}$为最初加入 H_3PO_4 体积，$(V_{NaOH})_G$为滴定至 G 点加入 NaOH 溶液的总体积。M_{NaOH}为标准 NaOH 溶液的浓度。G 点处实际$[OH^-]_G$可由 G 点初 pH 测定值计算。这样，$[OH^-]_{DG} - [OH^-]_G$就是 HPO_4^{2-} 转变为 PO_4^{3-} 所消耗的$[OH^-]$。因此$[PO_4^{3-}] = [OH^-]_{DG} - [OH^-]_G$。而 G 点的$[HPO_4^{2-}]_G$为 H_3PO_4 总浓度减去$[PO_4^{3-}]_G$所得的 pH 值求得。将$[H^+]_G$，$[HPO_4^{2-}]_G$，$[PO_4^{3-}]_G$代入 K_{a3} 的表达式中可求得其 K_{a3}值。

5. 滴定终点的确定

滴定终点的确定分为作图法和微商计算法两种。

(1)三切线法：

作 pH(φ) – V 曲线(即一般的滴定曲线)，以测得的 pH 值(电位 φ 或 E)对滴定的体积作图，曲线的突跃点(拐点)所对应的体积为终点的滴定体积 V_{ep}。

以 V_{NaOH}为横坐标，对应的 pH 值为纵坐标，绘制 pH – V 滴定曲线。在滴定曲线两端平坦处作 AB 和 CD 两条切线，在曲线“突跃”部分作 EF 切线与 AB 及 CD 二切线相交于 P、Q 两点，通过 P、Q 两点作 PG、QH 两条线平行于横坐标，然后在此两条线之间作垂直直

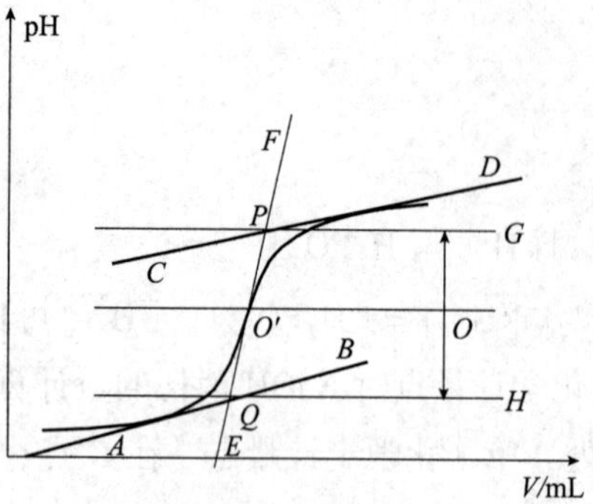

图 7.7　三切线法

线，在垂线之半 O 点处，作 OO' 线平行于横坐标；此 O' 点成为拐点，即为化学计量点。此 O' 点的横坐标和纵坐标分别为化学计量点的 NaOH 的体积(mL)和 pH 值，如图 7.7 所示。

(2)一级微商法：

作 $\Delta pH(\varphi)/\Delta V - V$ 曲线(即一级微分曲线)，对于滴定突跃较小或计量点前后滴定曲线不对称的，可以用 $\Delta pH(\varphi)/\Delta V$ 或 $\Delta E/\Delta V$ 对 ΔV 相应的两体积的平均值作图，曲线极大值所对应的体积为 V_{ep}，如图 7.8(b)所示。

作 $\Delta^2 pH(\varphi)/\Delta V^2 - V$ 曲线(即二级微商曲线)，以 $\Delta^2 pH(\varphi)/\Delta V^2$(或 $\Delta^2 E/\Delta V^2$)对二次体积的平均值作图，曲线与 V 轴交点，即 $\Delta^2 pH(\varphi)/\Delta V^2 = 0$ 所对应的体积为 V_{ep}。作 $\Delta V/\Delta pH(\varphi) - V$ 曲线，只要在计量点前后几对数据，以 $\Delta V/\Delta pH(\varphi)$ 对 V 作图，可得到两条直线，其交点所对应的体积为 V_{ep}，如图 7.8(c)所示。

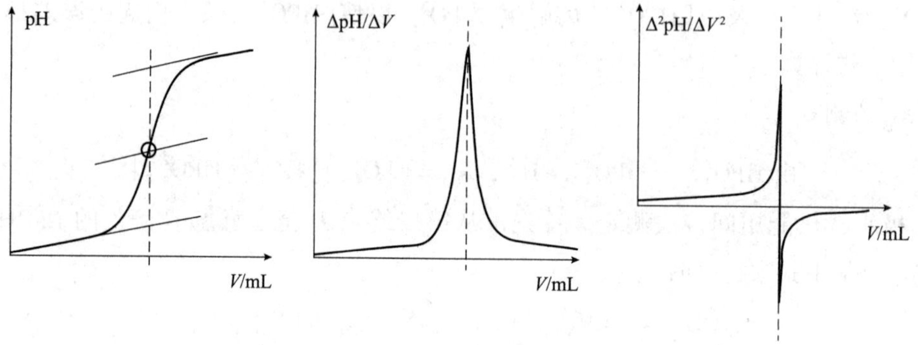

图 7.8　微商法确定滴定终点

(3)二级微商计算法：

从二级微商曲线可见，当 $\Delta^2 pH(\varphi)/\Delta V^2$ 的两个相邻值出现相反符号时，两个滴定体积 V_1，V_2 之间，必有 $\Delta^2 pH(\varphi)/\Delta V^2 = 0$ 的一点，该点对应的体积为 V_{ep}。因此，用线性内插法可求得 pH_{ep}、V_{ep}：

$$V_{ep} = V_1 - (V_2 - V_1) \times \frac{\Delta^2 pH_1/\Delta V_1^2}{(\Delta^2 pH_1/\Delta V_1^2) - (\Delta^2 pH_2/\Delta V_2^2)}$$

$$pH_{ep} = pH_1 - (pH_2 - pH_1) \times \frac{\Delta^2 pH_1/\Delta V_1^2}{(\Delta^2 pH_1/\Delta V_1^2) - (\Delta^2 pH_2/\Delta V_2^2)}$$

7.3.1.3　实验仪器与试剂

ZD－2 型电位滴定仪、复合电极、电磁搅拌器和滴定管等。

pH 标准缓冲溶液：pH = 4.00（0.05mol · L^{-1} 邻苯二甲酸氢钾溶液），pH = 6.86（邻苯二甲酸氢钾溶液标准缓冲溶液）；0.100mol · L^{-1} NaOH 标准溶液（待标定）；约 0.1mol · L^{-1} H_3PO_4 试样溶液；酚酞和甲基橙指示剂 0.2% 乙醇溶液。

7.3.1.4 实验步骤

1. 电极校准

（1）用温度计测出待测溶液温度→按“温度”键，将测出的待测溶液温度输入仪器中，按“确认”键→按“ -/标定”键（显示屏右下角显示“标定”）

（2）将清洗过的电极插入 pH = 6.86 的缓冲溶液中，等电位显示稳定后，按“ -/标定”→再次按“ -/标定”（显示屏右下角显示“斜率”）后，用蒸馏水清洗电极，将电极插入 pH = 4.00 的缓冲溶液中，待电位显示稳定后，按“确认”键，完成电极的校准。

2. 滴定剂和待测溶液

（1）将洗瓶内（瓶子有黑色标记）的 NaOH 标准溶液（0.100mol · L^{-1}）加入滴定管中，按住“ · /连续”键，调节滴定管到“0.00”刻度。

（2）磷酸溶液的配制：准确吸取 H_3PO_4 溶液 5.00mL，置于 100mL 塑料烧杯中，加去离子水 50mL，甲基橙和酚酞指示剂一起加入，各加入一滴（为什么加入两种指示剂?），放入磁力搅拌子控制搅拌为中速，转子不要碰到电极和杯壁。

7.3.1.5 实验数据的记录与处理

1. 粗测

（1）从 V_{NaOH} = 0.00mL 开始，向磷酸溶液中加入 NaOH 滴定剂，同时注意观察甲基橙和酚酞两种指示剂颜色变化。

（2）记录两种指示剂变色点消耗的 NaOH 体积和对应的 pH 值；如甲基橙（V_{NaOH} = 5.40mL，pH = 4.1）和酚酞（V_{NaOH} = 9.75mL，pH = 9.2），结束粗测。

2. 细测

（1）确定细测范围：以粗测时甲基橙（如 5.40mL）和酚酞（9.75mL）变色点消耗的 NaOH 体积数为基础点，确定好两次细测范围：第 1 次细测范围起点为 5.40mL - 0.25mL = 5.15mL，第 2 次细测范围起点为 9.75mL - 0.25mL = 9.50mL。

（2）细测过程

首先，从 NaOH 体积数“0.00mL”开始，细测范围外 NaOH 标准溶液的滴加量是 0.5mL/次，按“ · /连续”键，每“0.5mL”记录一次对应 pH 值（如表 7.1）。

然后，第 1 个细测范围：当到达第 1 次细测范围起点 5.15mL 时，按“慢滴”键，再按“开始”键计 10 次慢滴后，按“退出”键结束第一个细测后→查看此时滴定管体积，如为 5.55mL，则 10 滴滴定剂的体积 = 5.55mL - 5.15mL = 0.5mL，则每滴滴定剂 = 0.5/10 = 0.05mL/滴→按“5/查阅”键，查阅并记录第一个细测范围的 10 个滴定点对应的 pH 值（如

表 7.1)。[如 5.15、5.20、5.25、5.30、5.35、5.40(变色点)、5.45、5.50、5.55、5.60、5.65]

其次，第 2 个细测范围：第 1 个和第 2 个细测范围间，NaOH 标准溶液的滴加量是 0.5mL/次，按“·/连续”键，每“0.5mL”记录一次对应 pH 值(如表 7.1)→当到达第 2 次细测范围起点 9.50mL 时，按“慢滴”键，再按“开始”键计 10 次慢滴后，按“退出”键结束第 2 个细测后→查看此时滴定管体积，如为 10.00mL，则 10 滴滴定剂的体积 = 10.00mL - 9.50mL = 0.5mL，则每滴滴定剂 = 0.5/10 = 0.05mL/滴→按“5/查阅”键，查阅并记录第 2 个细测范围的 10 个滴定点对应的 pH 值(如表 7.1)。(如 9.50、9.55、9.60、9.65、9.70 9.75mL 9.80、9.85、9.90、9.95、10.00)

再次，继续滴定，在第 2 个细测范围之外，每次滴加 0.5mL NaOH 标准溶液，同时记录对应的 pH 值，当 pH≥11.20 结束滴定(如表 7.1 所示)。

最后，将粗测和细测数据写在实验报告上，结束细测。

表 7.1　实验数据

甲基橙变色点 V_{NaOH}=5.40mL

V_{NaOH}/mL	0.00	0.50	1.00	1.50	2.00	2.50	3.00	3.50	4.00	4.50	5.15	5.20	5.25	5.30	5.35	5.40(变色点)
pH																

V_{NaOH}/mL	5.45	5.50	5.55	5.60	5.65		7.00	7.50	8.00	8.50	9.00	9.50	9.55	9.60	9.65	9.70
pH																

酚酞变色点 V_{NaOH}=9.75mL

当pH≥11.20结束滴定

V_{NaOH}/mL	9.75(变色点)	9.80	9.85	9.90	9.95	10.00	10.50	11.00	11.50	12.00	12.50	13.00	13.50			……
pH																11.20

3. 滴定过程速度的控制

粗测：

(1)第 1 个变色点：从滴定管“0.00mL”开始滴定，按“4/快滴”键(大概 0.5 ~ 1.0mL/次)，屏幕出现“快滴”后，按“开始”进行滴定，观察待测溶液颜色由“红色”变浅时(大概需要 NaOH 溶液 4 ~ 5mL)，按“退出”键结束快滴→再按“7/慢滴”键(大概 0.05 ~ 1mL/次)，屏幕出现“慢滴”后，按“开始”进行滴定，当颜色“变黄”时，立即按“退出”键结束滴定，记录消耗的 NaOH 体积数(大概 4 ~ 5mL 都正常)，对应的 pH 值(3.1 ~ 4.4 范围内)。

(2)第 2 个变色点：接着，按“4/快滴”键(大概 0.5 ~ 1.0mL/次)，屏幕出现“快滴”后，按“开始”进行滴定，观察待测溶液颜色由“黄色”变浅时，按“退出”键结束快滴→再按“7/慢滴”键(大概 0.05 ~ 1mL/次)，屏幕出现“慢滴”后，按“开始”进行滴定，当颜色“变红”时，立即按“退出”键结束滴定，记录消耗的 NaOH 体积数(大概 10 ~ 11mL 都正常)，对应的 pH 值(8.0 ~ 9.6 范围内)，粗测结束。

(3)另外一种操作方法：从滴定管“0.00mL”开始滴定，按“·/连续”键，轻触一下松开大概 0.05mL，长按 1s 松开，大概 0.5mL，长按 2s，大概 1mL(自己先感受一下，按键时间长短，与每次滴定体积的关系)；开始时滴加速度控制在“0.5mL/次”，观察待测溶液颜色由“红色”变浅时，减缓滴定速度，当颜色“变黄”时停止滴定，记录消耗的 NaOH 体积数(4 ~ 5mL 都正常)，对应的 pH 值(3.1 ~ 4.4 范围内)。

→继续滴定“0.5mL/次”，观察待测溶液颜色由“黄色”变浅时，减缓滴定速度，当颜色“变红”时停止滴定，记录消耗的 NaOH 体积数（10 ~ 11mL 都正常），对应的 pH 值（8.0 ~ 9.6 范围内），粗测结束。

细测：

细测表必须先列好！

（1）第 1 个细测范围：从滴定管“0.00mL”开始滴定，按“·/连续”键，每“0.5mL”记录一次对应 pH 值，细测范围（第 1 次）之内可以采用“慢滴”（0.05mL/次），每滴间隔大概是“3s”，记录每滴对应的 pH 值，“第 1 个细测”结束，按“退出”键。（如果滴定间隔短来不及记录数据，按“5/查阅”键，查阅上次滴定过程的 pH 值，每滴 1 次保存 1 个数据，最多 100 个）

→按“·/连续”键，每“0.5mL”记录一次对应 pH 值，直到第 2 个细测范围前，按“退出”键，操作结束。

（2）第 2 个细测范围：→按“·/连续”键，每“0.5mL”记录一次对应 pH 值，第 2 个细测范围之内可以采用“慢滴”（0.05mL/次），每滴间隔大概是“3s”，记录每滴对应的 pH 值，“第 2 个细测”结束，按“退出”键。（如果滴定间隔短来不及记录数据，按“5/查阅”键，查阅上次滴定过程的 pH 值，每滴 1 次保存 1 个数据，最多 100 个）

→按“·/连续”键，每“0.5mL”记录一次对应 pH 值，直到 pH≥11.00，操作结束，如图 7.9 所示。

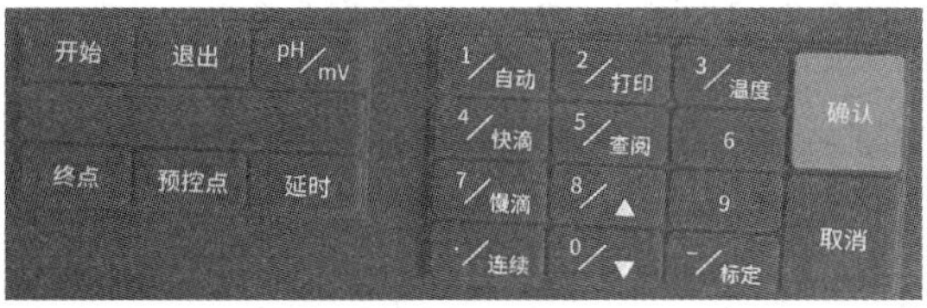

图 7.9　电位滴定仪面板

（3）数据记录：将粗测和细测数据，填写到实验报告纸上，指导教师签字后结束实验。清理卫生和填写仪器使用记录（黄色小本子）。

4. 滴定终点确定（方法 1、方法 2 和方法 3 任选其一）

（1）手绘图“三切线法”：将“细测”数据用坐标纸进行描点法绘制滴定曲线，横坐标为 NaOH 体积，纵坐标为 pH 值，用“三切线法”找到第 1 和第 2 化学计量点。然后根据滴定曲线计算磷酸浓度、解离常数 K_{a1} 和 K_{a2}。

（2）电脑绘制“滴定曲线”和“差商法”作图：将 NaOH 体积和对应的 pH 值输入 Excel 表格，然后计算一阶和二阶差商数值。电脑绘制滴定曲线，并用“三切线法”找到滴定终点，如图 7.10 所示。

用“差商法”数值绘图，横坐标为体积一次或二次平均值，纵坐标为一阶或二阶差商值。电脑绘图如图 7.11 所示，然后用作图法找到第 1 和第 2 化学计量点（滴定终点 SP1 和 SP2）。

D6 ▼ : × √ fx =(B/-B5)/(A7-A5)

	A	B	C	D	E	F
1	磷酸溶液电位数据处理					
2	NaOH体积	pH值	体积一次平均值	一阶差商值	体积二次平均值	二阶差商值
3–4	0.00	1.81	0.25	0.38		
5–6	0.50	2.00	0.75	0.08	0.50	−0.60
7–8	1.00	2.04	1.25	0.04	1.00	−0.08
9–10	1.50	2.06	1.75	0.16	1.50	0.24
11–12	2.00	2.14	2.25	0.04	2.00	−0.24
13–14	2.50	2.16			2.50	0.08

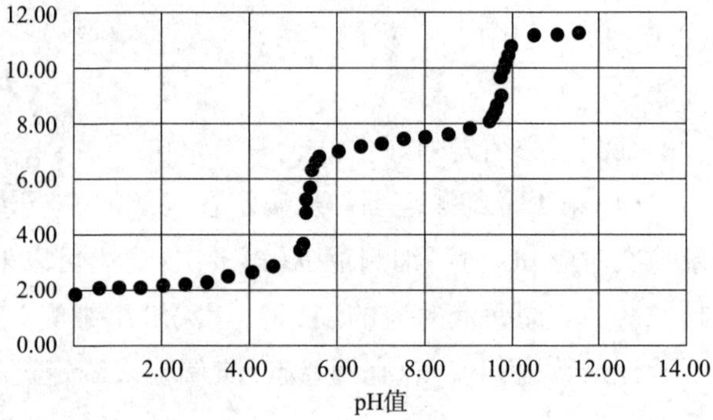

图 7.10　滴定曲线的绘制

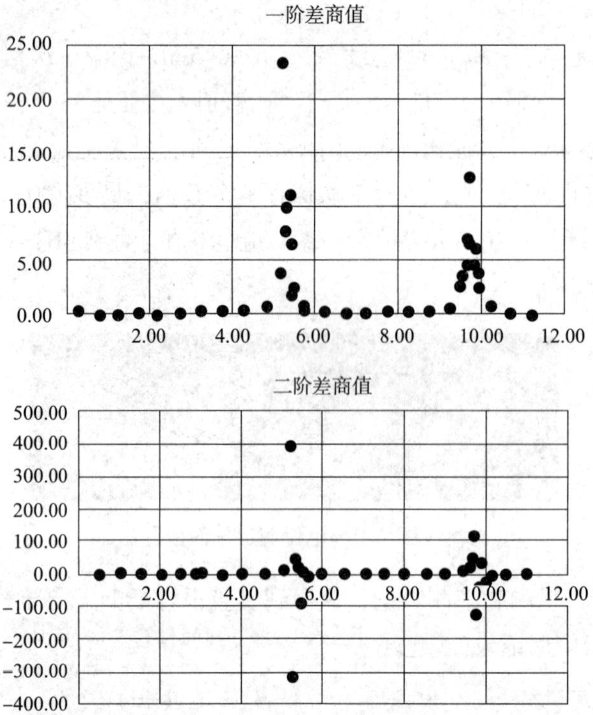

图 7.11　微商法确定滴定终点

(3)二阶微商“内插法”计算 pH_{ep}、V_{ep}：

$$V_{ep} = V_1 - (V_2 - V_1) \times \frac{\Delta^2 pH_1/\Delta V_1^2}{(\Delta^2 pH_1/\Delta V_1^2) - (\Delta^2 pH_2/\Delta V_2^2)}$$

$$pH_{ep} = pH_1 - (pH_2 - pH_1) \times \frac{\Delta^2 pH_1/\Delta V_1^2}{(\Delta^2 pH_1/\Delta V_1^2) - (\Delta^2 pH_2/\Delta V_2^2)}$$

(4)计算 H_3PO_4 溶液浓度：

$$c_{磷酸} = (c_{氢氧化钠} \cdot V_{e1})/V_{磷酸}$$

(5)计算 H_3PO_4 的酸解离常数：

测定酸解离常数需在恒温条件下进行；在 25℃时，离子强度 1mol·L^{-1}，H_3PO_4 的 K_{a1}，K_{a2}，K_{a3}分别为 2.12，7.21，12.36。

$K_{a1}=[c_{磷酸二氢根}][H^+]/[c_{磷酸}]$。($K_{a1}=V_{e1}/2$ 对应的氢离子浓度，为什么?)

$K_{a2}=[c_{磷酸一氢根}][H^+]/[c_{磷酸二氢根}]$。($K_{a2}=(V_{e1}+V_{e2})/2$ 对应的氢离子浓度，为什么?)

7.3.1.5 思考题

(1)本实验所用的酸度计，读数是否应事先进行校正？为什么？

(2)为什么要进行粗测后，再进行细测？

(3)为什么在化学计量点附近增加测量密度？

(4)在测定 H_3PO_4 时出现两个突跃，说明在突跃前后的物质是什么？

(5)设 H_3PO_4 溶液中含有 NaH_2PO_4，能否在一次滴定中同时得到两者的含量，测定步骤和计算方法是什么？

(6)电位滴定能否测定 NaH_2PO_4 和 Na_2HPO_4 混合物中的各组分的含量，如何测定？

7.3.2 循环伏安法测定亚铁氰化钾

7.3.2.1 实验目的

(1)学习固体电极表面的处理方法。

(2)掌握循环伏安法的原理和方法。

(3)了解电化学工作站的使用。

7.3.2.2 实验原理

循环伏安法通常采用三电极系统，一支工作电极，一支参比电极和一支辅助电极。外加电压加在工作电极与辅助电极之间，反应电流通过工作电极和辅助电极，记录工作电极上得到的电流与施加电压的关系曲线。

铁氰化钾离子$[Fe(CN)_6]^{3-}$/亚铁氰化钾离子$[Fe(CN)_6]^{4-}$氧化还原体系的电极反应为：

$$[Fe(CN)_6]^{3-}+e^-=[Fe(CN)_6]^{4-} \qquad \varphi^\theta=0.36V$$

在正向扫描时，$[Fe(CN)_6]^{3-}$在电极上还原得到一个还原电流峰。在反向扫描时，产生的$[Fe(CN)_6]^{4-}$在电极上氧化，得到一个氧化电流峰。一次循环扫描将记录一个氧化还原曲线。

从循环伏安曲线上可得到阳极峰电流 i_{pa}与阴极峰电流 i_{pc}，阳极峰电位 E_{pa}与阴极峰电位 E_{pc}。峰电流 i_p：

$$i_p=2.69\times10^5 n^{3/2}AD^{1/2}v^{1/2}c^{1/2} \tag{7.5}$$

i_p为峰电流；n 为电子转移数；A 为电极面积；D 为扩散系数；v 为扫描速率；c 为被

测物浓度。

7.3.2.3 实验仪器和试剂

电化学工作站、三电极系统、电解池、烧杯、容量瓶、移液管。

铁氰化钾标准溶液(0.02000mol·L^{-1})、硝酸钾溶液(1.0mol·L^{-1})。

7.3.2.4 实验步骤

1. 工作电极的预处理

铂盘电极用 Al_2O_3 粉末将电极表面抛光，然后用蒸馏水清洗。

2. 溶液的配制

分别准确移取 0.02000mol·L^{-1} 铁氰化钾标准溶液 0、0.50mL、1.00mL、2.00mL、3.00mL 于 5 个 50mL 的比色管中，再各加入 1.0mol·L^{-1} 硝酸钾溶液 10mL，用去离子水定容，摇匀。

3. 循环伏安图的测量

(1) 打开电化学工作站，选择循环伏安法，设置仪器参数，起始电位为 -0.2V；终止电位为 +0.8V，扫描速率 50mV·s^{-1}。

(2) 将铁氰化钾溶液逐一放入电解池中，插入工作电极、辅助电极和参比电极，开始循环伏安扫描，记录循环伏安图。

(3) 分别在 100mV·s^{-1}、150mV·s^{-1}、200mV·s^{-1}、250mV·s^{-1}、300mV·s^{-1}、350mV·s^{-1} 扫描速率下，记录 0.004mol·L^{-1} 铁氰化钾溶液的循环伏安图。

7.3.2.5 实验数据记录与处理

(1) 从 $K_4[Fe(CN)_6]$ 溶液的循环伏安图，测量 i_{pa}、i_{pc}、E_{pa}、E_{pc} 的值。

(2) 分别以 i_{pa}、i_{pc} 对 $K_4[Fe(CN)_6]$ 溶液的浓度作图，说明峰电流与浓度的关系。

结论：峰电流与浓度呈__________关系，浓度越大峰电流越__________。

(3) 分别以 i_{pa}、i_{pc} 对 $v^{1/2}$ 作图，说明峰电流与扫描速率间的关系。

结论：峰电流与扫描速率的平方根成__________关系。

(4) 计算 i_{pa}/i_{pc} 的值 ΔE 值，说明 $K_4[Fe(CN)_6]$ 在硝酸钾溶液中电极过程的可逆性。

7.3.2.6 思考题

(1) 铁氰化钾浓度与峰电流是什么关系？

(2) 峰电流与扫描速率是什么关系？

7.3.2.7 实验注意事项

(1) 实验前电极表面要处理干净。

(2)扫描过程保持溶液静止。

7.4 仪器部分

7.4.1 pHS－3D 型酸度计

7.4.1.1 仪器构造

pHS－3D 型酸度计是一台精密数字显示酸度计，它采用大屏幕、带蓝色背光、双排数字显示液晶，可同时显示 pH 值、温度值或电位（mV）值。该仪器适用于大专院校、研究院所、环境监测、工矿企业等部门的化验室取样测定水溶液的 pH 值和电位（mV）值、配上 ORP 电极可测量溶液 ORP（氧化～还原电位）值、配上离子选择性电极可测出该电极的电极电位值（图 7.12）。

图 7.12　pHS－3D 型酸度计

仪器的主要技术性能：仪器级别：0.01 级；测量范围：[pH]（0.00～14.00）pH，[mV]（－1999～0）mV，（0～+1999）mV（自动极性显示）；最小显示单位：0.01pH，1mV，0.1℃；温度补偿范围：（0～95）℃，被测溶液温度：（0～60）℃；仪器的基本误差：±0.02pH ±1 个字；仪器重复性误差：不大于 0.01pH。

7.4.1.2 仪器工作原理

1. 酸度计原理

用酸度计可进行电位测量，是测量 pH 最精密的方法。酸度计由三个部件构成：一个参比电极、一个玻璃电极、一个电流计，电流计能在电阻极大的电路中测量出微小的电位差（新型的复合电极可取代玻璃电极和甘汞电极）。

参比电极的基本功能是本身具有恒定的电位，可作为测量其他电极电位的对照标准。饱和甘汞电极是目前最常用的参比电极。

玻璃电极的功能是建立一个对所测量溶液的氢离子活度发生变化做出反应的电位差。把对 pH 敏感的玻璃电极和参比电极放在同一溶液中，就组成一个原电池，该电池的电位差（电动势）是玻璃电极和参比电极电位的代数和：$E_{电池}=E_{参比}+E_{玻璃}$，如果温度恒定，则这个电池的电位差（电动势）会随待测溶液的 pH 变化而变化。

电流计的功能就是将原电池的电位差放大若干倍，通过电表显示出来，为了使用上方便，直接以数字显出相应的 pH 值。

2. 酸度计的测量原理

酸度计是根据能斯特方程的推导式：$E_{电池}=K+0.059pH_{试}$来测量的，从理论上讲，只要测得电池电动势E，就可计算出试液 pH 的值。但由于K受到的影响因素较多，是一个不固定的常数，需要用标准 pH 值的溶液来标定，再比较测得试样溶液的 pH 值。通过测量标准溶液和试样溶液所组成的工作电池的电动势就可求出试液的 pH 值。

酸度计为了使用方便，在测定标准溶液时，通过调节可直接显示标准溶液的 pH 值(定位)，再插入试液时，就可直接显示出试液的 pH 值。

7.4.1.3 仪器使用方法

1. 开机前的准备

(1)电极连接：电极架安装在仪器上，电极安装在电极夹中。玻璃电极插头插入玻璃电极的插口，参比电极接入参比电极接线柱。如果不使用玻璃电极，可以将电极转接器插入玻璃电极插口，将其他电极接入电极转换器。

(2)将多功能电极架插入插座中，将 pH 复合电极安装在电极架上，将 pH 复合电极下端的电极保护套拔下，并且拉下电极上端的橡皮套使其露出上端小孔。如不用复合电极，则在测量电极插座处插入玻璃电极插头，参比电极接入参比电极接口处。用蒸馏水清洗电极。

2. 酸度计的调校

(1)零点：拔下电极插头，选择“mV”挡，调节“调零”，使仪器显示为“0.00”mV。

(2)温度补偿：调节“温度补偿”，使仪器指示温度与被测溶液的温度相同。测量时必须保持温度恒定，如果温度变化较大时，需要重新校准仪器。

3. 定位和斜率校正

仪器一般采用二点校正的方法进行校正，仪器校正的方法有两种：

(1)将测量电极浸入第一种标准缓冲溶液，调节仪器的“定位”旋钮，使仪器显示为“0.00”。更换第二种标准缓冲溶液后，调节仪器“斜率”，使仪器显示值为两种标准缓冲溶液的 pH 差值；然后调节“定位”，使仪器显示值为第二种标准缓冲溶液的 pH 值。

(2)将测量电极浸入第一种标准缓冲溶液，调节仪器的“定位”旋钮，使仪器显示值为第一种标准缓冲溶液的 pH 值。更换第二种标准缓冲溶液，调节仪器“斜率”旋钮，使仪器显示值为第二种标准缓冲溶液的 pH 值。

4. 标定

自动标定(适用于 pH =4.00、pH =6.86、pH =9.18 标准缓冲溶液)。

(1)打开电源开关，仪器进入 pH 测量状态，预热 30min。

(2)按“模式”键一次，使仪器进入溶液温度显示状态(此时温度单位℃指示灯闪亮)，按“△”键或“▽”键调节温度显示数值上升或下降，使温度显示值和溶液温度一致，然后按“确认”键，仪器确认溶液温度值后回到 pH 测量状态。

(3)把用蒸馏水或去离子水清洗过的电极插入 pH =6.86(或 pH =4.00；或 pH =9.18)

的标准缓冲溶液中，待读数稳定后按“模式”键两次（此时 pH 指示值全部锁定，液晶显示器下方显示“定位”，表明仪器在定位标定状态），然后按“确认”键，仪器显示该温度下标准缓冲溶液的标称值。

(4)把用蒸馏水或去离子水清洗过的电极插入 pH = 4.00（或 pH = 9.18；或 pH = 6.86）的标准缓冲溶液中，待读数稳定后按“模式”键三次（此时 pH 指示值全部锁定，液晶显示器下方显示“斜率”，表明仪器在斜率标定状态），然后按“确认”键，仪器显示该温度下标准缓冲溶液的标称值，仪器自动进入 pH 测量状态。如果误使用同一标准缓冲溶液进行定位、斜率标定，在斜率标定过程中按“确认”键时，液晶显示器下方“斜率”显示会连续闪烁三次，通知斜率标定错误，仪器保持上一次标定结果。

(5)用蒸馏水及被测溶液清洗电极后即可对被测溶液进行测量。

5. 测量 pH 值

经标定过的仪器，即可用来测量被测溶液，根据被测溶液与标定溶液温度是否相同，其测量步骤也有所不同。具体操作步骤如下：

(1)被测溶液与标定溶液温度相同时：用蒸馏水清洗电极头部，再用被测溶液清洗一次。把电极浸入被测溶液中，用玻璃棒搅拌溶液，使其均匀，在显示屏上读出溶液的 pH 值。

(2)被测溶液和标定溶液温度不同时：用蒸馏水清洗电极头部，再用被测溶液清洗一次。用温度计测出被测溶液的温度值。按“模式”按钮一次，使仪器进入溶液温度显示状态（此时温度单位℃指示灯闪亮），按“△”键或“▽”键调节温度显示数值上升或下降，使温度显示值和被测溶液温度值一致，然后按“确认”键，仪器确定溶液温度后回到 pH 测量状态。把电极插入被测溶液内，用玻璃棒搅拌溶液，使其均匀后读出该溶液的 pH 值。

6. 测量电极电位(mV 值)

(1)打开电源开关，仪器进入 pH 测量状态；连续按“模式”键（四次），使仪器进入 mV 测量即可。

(2)把离子选择电极（或金属电极）和参比电极夹在电极架上。

(3)用蒸馏水清洗电极头部，再用被测溶液清洗一次。

(4)把离子电极的插头插入测量电极插座处。

(5)把参比电极接入仪器后部的参比电极接口处。

(6)把两种电极插在被测溶液内，将溶液搅拌均匀后，即可在显示屏上读出该离子选择电极的电极电位（mV 值），还可自动显示 ± 极性。

(7)如果被测信号超出仪器的测量（显示）范围，或测量端开路时，显示屏显示 1 – mV，作超载报警。

(8)使用金属电极测量电极电位时，用带夹子的 Q9 插头，Q9 插头接入测量电极插座处，夹子与金属电极导线相接；或用电极转换器，电极转换器的一头接测量电极插座处，金属电极与转换器接续器相连接。参比电极接入参比电极接口处。

(9)关闭仪器电源，清洗电极。

7.4.2 ZD－2 型自动电位滴定仪

自动电位滴定仪是以测量电极电位的变化确定滴定终点，从而求出被测溶液中离子浓度的仪器。一般的自动电位滴定仪都是在酸度计的基础上增加一些装置而构成的。随着具有高选择性和高灵敏度的离子选择性电极的出现，自动电位滴定仪以结构简单，造价低廉，灵敏度高，稳定性好，特别易于实现流程自动化监测，广泛应用于工厂化验室和研究单位。

ZD－2 型自动电位滴定仪是一种分析精度高的实验室分析仪器，它采用液晶显示屏，能显示 pH 值或电位。该仪器主要用于高等院校、科研机构、石油化工、制药、药检、冶金等行业的各种成分的化学分析，具有手动或自动滴定方式，可利用 pH 值或电极电位的控制滴定，也可以采用永停终点法进行容量分析。

仪器主要技术性能。测量范围：[pH]0～14.00pH，[mV]0～±1400mV；分辨率：[pH]0.01pH，[mV]1mV；电子单元基本误差：[pH]±0.03pH±1 个字，[mV]±5mV±1 个字；仪器 pH 测量基本误差：±0.06pH；容量分析重复性误差：0.2%；滴定控制灵敏度：[pH]±0.1pH，[mV]±5mV；终点设定范围：－1400～1400mV 或 0～14.00pH；电子单元稳定性：±0.01pH/3h。

7.4.2.1 仪器构造

ZD－2 型自动电位滴定仪主要由电源指示灯、滴定指示灯、终点指示灯、斜率补偿调节旋钮、温度补偿调节旋钮、定位调节旋钮、“设置”选择开关、“pH/mV”选择开关、“功能”选择开关、“终点电位”调节旋钮、“预控点”调节旋钮、“滴定开始”按钮组成(图 7.13～图 7.15)。

(1)电源指示灯。打开电源，此指示灯应亮。

(2)滴定指示灯。开始滴定后，此指示灯闪亮。

(3)终点指示灯。用于指示滴定是否结束。打开电源，此指示灯亮，开始滴定后，此指示灯熄灭。滴定结束后，此指示灯亮。

(4)斜率补偿调节旋钮。pH 标定时使用。

(5)温度补偿调节旋钮。pH 标定及测量时使用。

图 7.13 ZD－2 型自动电位滴定仪

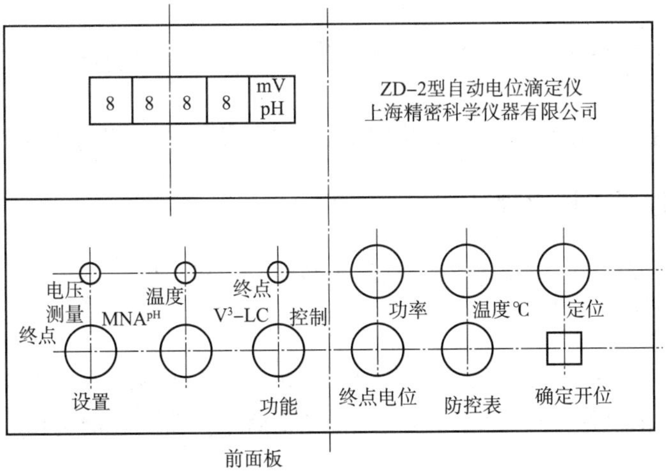

前面板

图7.14　ZD-2型自动电位滴定仪前面板

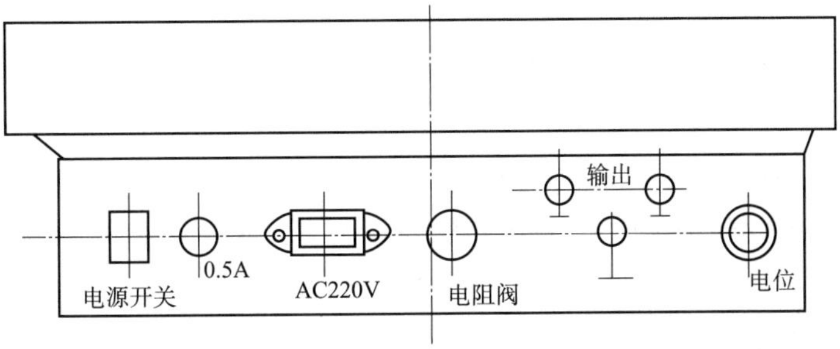

后面板

图7.15　ZD-2型自动电位滴定仪后面板

(6)定位调节旋钮。pH标定时使用。

(7)“设置”选择开关。此开关置“终点”时，可进行终点mV值或pH值设定(pH/mV开关置“pH”，进行pH终点设定；置“mV”，进行mV终点设定)。此开关置“测量”时，进行mV或pH测量(mV还是pH测量同样取决于pH/mV开关的位置)。此开关置于预控点时，可进行pH或mV的预控点设置。如，设置预控点为100mV，仪器将在离终点100mV时自动从快滴转为慢滴。

(8)“pH/mV”选择开关。此开关置于“pH”时，可进行pH测量或pH终点值设置或pH预控点设置。此开关置于“mV”时，可进行mV测量或mV终点设置或mV预控点设置。

(9)“功能”选择开关。此开关置于“手动”时，可进行手动滴定；置于“自动”时，进行预设终点滴定，到终点后，滴定终止，滴定灯亮。此开关置于“控制”时，进行pH或mV控制滴定，到达终点pH或mV值后，仪器仍处于准备滴定状态，滴定灯始终不亮。

(10)“终点电位”调节旋钮。用于设置终点电位或pH值。

(11)“预控点”调节旋钮，用于设置预控点mV和pH值，其大小取决于化学反应的性质，即滴定突跃的大小。一般氧化还原滴定、强酸强碱中和滴定和沉淀滴定可选择预控点值小一些；弱酸强碱、强酸弱碱可选择中间预控点值；而弱酸弱碱滴定需选择大小预控点值。

(12)“滴定开始”按钮。“功能”开关置于“自动”或“控制”时，按一下此按钮，滴定开始。

“功能”开关置于“手动”时，按下此按钮，滴定进行，放开此按钮，滴定停止。

7.4.2.2 仪器工作原理

自动电位滴定仪中的主要部件有自动滴定装置、电极、电计三部分。

1. 自动滴定装置

(1)自动滴定管：由自动滴定管和自动阀所组成的自动滴定管：由仪器控制电磁阀，电磁阀控制滴定管的滴液速度。它的最大的特点是简单，但滴定剂的耗用量仍需要在滴定管上读出。

(2)自动阀：在自动电位滴定仪中，控制溶液通过或截断是依靠自动阀来实现。

2. 电极

电极是由指示电极、参比电极所组成。根据被测离子和滴定剂的性质来选择指示电极和参比电极。

(1)指示电极：对于指示电极，除了对灵敏度、精度、稳定性、响应时间的技术要求之外，一个特别重要的问题是电极的选择性。这是因为被测溶液中往往存在着多种离子，但只测量其中某一种离子的浓度，因此，就要求测量电极只对要测量的那种离子有响应，而对被测溶液中存在的其余离子没有响应。

(2)参比电极：参比电极是用于测量指示电极电位的电极。对参比电极的要求是电位已知、恒定、重现性好、温度系数小、有电流通过时极化电位及机械扰动的影响小等。

3. 电计

电计是由电位差计、预设终点、微分处理器等几部分组成。

(1)电位差计：测量滴定过程中被测溶液的电位或 pH 值，通过绘制 $E-V$ 或 $\Delta E/\Delta V-V$ 滴定曲线，根据滴定曲线的电位突跃来确定滴定终点，从而求出消耗滴定剂的体积。

(2)预设终点：将测量电极间的电位差同预先设置的代表终点的电位差相比较，比较后的差值经放大器再用来控制自动滴定管，到达终点时滴定自动停止，最后从自动滴定管上读出消耗滴定剂的体积。

(3)微分处理器：根据滴定化学计量点时，测量电极间电位差的二阶微商值由极正值变极负值，从而启动自动阀使滴定停止，从自动滴定管上读出消耗滴定剂的体积。

4. 搅拌器

搅拌器是加速滴定剂与试样溶液快速、完全反应的重要器件。在滴定的过程中，搅拌直接影响到滴定结果的准确性。自动电位滴定仪中的搅拌器有磁力搅拌器与机械搅拌器两种。

(1)磁力搅拌器：当搅拌器马达转动时，带动永久磁铁旋转，而永久磁铁又带动烧杯中的搅拌棒旋转，使滴定溶液充分搅拌。搅拌速度依靠调节电阻器使马达转速变化来实现。

(2)机械搅拌器：机械搅拌器结构比较简单，它是由一个恒速电机带动玻璃或塑料棒旋转，使滴定溶液充分搅拌。棒的下部可以做成螺旋桨形状或者棱角的形状，搅拌速度依靠调节搅拌棒的不同形状或倾角，或改变电机的转速来实现。

7.4.2.3 仪器使用方法

1. 开机前的准备

(1)滴定装置安装：将滴管架旋在搅拌器的安装螺纹上。将夹芯、夹套的孔对齐，穿过滴管架，调节到合适位置，旋紧螺帽固定之。将电磁阀末端插入夹芯，旋紧支头螺钉固定之。将滴管夹安装在滴管架上，调节至合适位置，旋紧滴管架固定螺丝固定之。将滴定管夹在滴管架上，将电磁阀上方的橡皮管套入滴定管末端。将电极夹安装在滴管架的下端。装上电极及毛细管，将电磁阀下方的橡皮管套入毛细管。

(2)电磁阀连接与调节：将电磁阀插头插入仪器后面板电磁阀接口。使用前应调节支头螺丝，使电磁阀断电时，无滴液滴下；电磁阀开启时，滴液滴下，并调节合适的流量。

(3)管道的安装或更换：先将电磁阀的螺母拧下，将底座抽出。然后将底座上两个螺丝拧下，放松压紧螺丝。即可更换管道。

(4)电极的选择与连接：电极的选择取决于滴定时的化学反应，如属中和反应，可用pH复合电极或玻璃电极和甘汞电极；如属银盐与卤素反应，可采用银电极和特殊甘汞电极。将电极插头插入仪器后面板上的电极插口。将转换器插头插入仪器电极插口；测量电极插头插入转换器插座处，参比电极插头接入仪器后面板接线柱处。有些电极需要通过接触器连接，电极接到接触器，将接触器插入转换器插座。

2. 电位mV测量

(1)仪器安装连接好以后，插上电源线，打开电源开关，电源指示灯亮。15min预热后使用。

(2)“设置”开关置“测量”，“pH/mV”选择开关置“mV”。

(3)将电极插入被测溶液中，将溶液搅拌均匀后，即可读取电极电位(mV)值。

(4)如果被测信号超出仪器的测量范围，显示屏会不亮，作超载报警。

3. pH标定及测量

(1)pH标定：仪器在进行pH测量之前，先要标定。一般来说，仪器在连续使用时，每天要标定一次。“设置”开关置“测量”，“pH/mV”开关置“pH”。调节“温度”旋钮，使旋钮白线指向对应的溶液温度值。将“斜率”旋钮顺时针旋到底(100%)。将清洗过的电极插入pH值为6.86的缓冲溶液中。调节“定位”旋钮，使仪器显示读数与该缓冲溶液当时温度下的pH值相一致。用蒸馏水清洗电极，再插入pH值为4.00(或pH值为9.18)的标准缓冲溶液中，调节斜率旋钮使仪器显示读数与该缓冲溶液当时温度下的pH值相一致。重复直至不用再调节“定位”或“斜率”调节旋钮为止，至此，仪器完成标定。标定结束后，“定位”和“斜率”旋钮不应再动，直至下一次标定。

(2)pH测量：“设置”开关置“测量”，“pH/mV”开关置“pH”。用蒸馏水清洗电极头部，再用被测溶液清洗一次。用温度计测出被测溶液的温度值。调节“温度”旋钮，使旋钮白线指向对应的溶液温度值。电极插入被测溶液中，搅拌溶液使溶液均匀后，读取该溶液的 pH 值。

4. 自动电位滴定

(1)安装好滴定装置，在试杯中放入搅拌棒，并将试杯放在 JB－1A 搅拌器上。

(2)终点设定：“设置”开关置“终点”，“pH/mV”开关置“mV”，“功能”开关置“自动”，调节“终点电位”旋钮，使显示屏显示你所要设定的终点电位值。终点电位选定后，“终点电位”旋钮不可再动。

(3)预控点设定：预控点的作用是当离开终点较远时，滴定速度很快；当到达预控点后，滴定速度很慢。设定预控点就是设定预控点到终点的距离，其步骤如下：“设置”开关置“预控点”，调节“预控点”旋钮，使显示屏显示你所要设定的预控点数值。例如，设定预控点为 100mV，仪器将在离终点 100mV 处转为慢滴。预控点选定后，“预控点”调节旋钮不可再动。

(4)终点电位和预控点电位设定好后，将“设置”开关置“测量”，打开搅拌器电源，调节转速使搅拌从慢逐渐加快至适当转速。

(5)按一下“滴定开始”按钮，仪器即开始滴定，滴定灯闪亮，滴液快速滴下，在接近终点时，滴速减慢。到达终点后，滴定灯不再闪亮，过 10s 左右，终点灯亮，滴定结束。注意：到达终点后，不可再按“滴定开始”按钮，否则仪器将认为另一极性相反的滴定开始，而继续进行滴定。

(6)记录滴定管内滴液的消耗读数。

5. 电位控制滴定

(1)“功能”开关置“控制”，其余操作同第 4 条。

(2)在到达终点后，滴定灯不再闪亮，但终点灯始终不亮，仪器始终处于预备滴定状态，同样，到达终点后，不可再按“滴定开始”按钮。

6. pH 自动滴定

(1)pH 终点设定：“设置”开关置“终点”，“功能”开关置“自动”，“pH/mV”开关置“pH”，调节“终点电位”旋钮，使显示屏显示你所要设定的终点 pH 值。

(2)预控点设置：“设置”开关置“预控点”，调节“预控点”旋钮，使显示屏显示你所要设置的预控点 pH 值。例如，你所要设置的预控点为 pH＝2，仪器将在离终点 pH＝2 左右处自动从快滴转为慢滴。其余操作同第 4 条。

7. pH 控制滴定(恒 pH 滴定)

“功能”开关置“控制”，其余操作同“6. pH 自动滴定”。

8. 手动滴定

(1)“功能”开关置“手动”，“设置”开关置“测量”；

(2)按下“滴定开始”开关，滴定灯亮，此时滴液滴下，按下此开关的期间控制滴液滴下，放开此开关，则停止滴定。

9. 关闭仪器电源，清洗电极

7.4.3 CHI600E 系列电化学分析仪/工作站

CHI600E 系列为通用电化学测量系统，仪器内含快速数字信号发生器、用于高频交流阻抗测量的直接数字信号合成器、双通道高速数据采集系统、电位电流信号滤波器、多级信号增益、iR 降补偿电路，以及恒电位仪/恒电流仪(660E)。电位范围为 ±10V，电流范围为 ±250mA。电流测量下限低于 10pA。可直接用于超微电极上的稳态电流测量。如果与 CHI200B 微电流放大器及屏蔽箱连接，可测量 1pA 或更低的电流。如果与 CHI680C 大电流放大器连接，电流范围可拓宽为 ±2A。

CHI600E 系列信号发生器的更新速率为 10MHz，数据采集采用两个同步 16 位高分辨低噪声的模数转换器，双通道同时采样的最高速率为 1MHz。双通道同步电流电位采样可加快阻抗测量的速度。某些实验方法的时间尺度可达十个数量级，动态范围极为宽广。循环伏安法的扫描速度为 1000V · s^{-1}时，电位增量仅 0.1mV，当扫描速度为 5000V · s^{-1}时，电位增量为 1mV。交流阻抗的测量频率可达 1MHz，交流伏安法的频率可达 10kHz。仪器可工作于 2、3、4 电极的方式。仪器还有外部信号输入通道，同步 16 位高分辨采样的最高速率为 1MHz。可在记录电化学信号的同时记录外部输入的电压信号，例如光谱信号等。

CHI600E 系列硬件采用了高速的处理器、快速的放大器、快速的模数转换器和数模转换器。计时电量法加上了模拟积分器。一个 16 位高分辨高稳定的电流偏置电路以达到电流复零输出，亦可用于提高交流测量的电流动态范围。高分辨的模数转换器具有更好的信噪比，也给出了灵敏度设置的更大动态范围。CHI600E 系列仪器的内部控制程序采用了 FLASH 存储器。仪器软件的更新不再需要通过邮寄并更换 EPROM，而可以通过网络进行传送并通过程序命令写入。CHI600E 系列还允许升级为双恒电位仪。新的设计通过增加一块第二通道的电位控制、电流电压转换、多级增益和低通滤波器的电路板，便成了 CHI700E 系列的双恒电位仪。

CHI600E 系列仪器集成了几乎所有常用的电化学测量技术。为了满足不同的应用需要以及经费条件，CHI600E 系列分成多种型号。不同的型号具有不同的电化学测量技术和功能，但基本的硬件参数指标和软件性能是相同的。CHI600E 和 CHI610E 为基本型，分别用于机理研究和分析应用，它们也是十分优良的教学仪器。CHI602E 和 CHI604E 可用于腐蚀研究。CHI620E 和 CHI630E 为综合电化学分析仪，而 CHI650E 和 CHI660E 为更先进的电化学工作站。

7.4.3.1 硬件参数指标

1. 恒电位仪：

· 零阻电流计

· 2，3，4 电极结构

· 浮动地线或实地
· 最大电位范围：±10V
· 最大电流：±250mA 连续，±350mA 峰值
· 槽压：±13V
· 恒电位仪上升时间：小于 1ms，通常 0.8ms
· 恒电位仪带宽（-3dB）：1MHz
· 所加电位范围：±10mV，±50mV，±100mV，±650mV，±3.276V，±6.553V，±10V
· 所加电位分辨：电位范围的 0.0015%
· 所加电位准确度：±1mV，±满量程的 0.01%
· 所加电位噪声：<10mV 均方根植
· 测量电流范围：±10pA～±0.25A，12 量程
· 测量电流分辨：电流量程的 0.0015%，最低 0.3fA
· 电流测量准确度：电流灵敏度大于等于 1e-6A/V 时为 0.2%，其他量程 1%
· 输入偏置电流：<20pA

2. 恒电流仪：

· 恒电流范围：3nA～250mA
· 所加电流准确度：如果电流大于 3e-7A 时为 0.2%，其他范围为 1%，±20pA
· 所加电流分辨率：电流范围的 0.03%
· 测量电位范围：±0.025V，±0.1V，±0.25V，±1V，±2.5V，±10V
· 测量电位分辨率：测量范围的 0.0015%

Electrometer：电位计

· 参比电极输入阻抗：1e12Ω
· 参比电极输入带宽：10MHz
· 参比电极输入偏置电流：≤10pA @ 25℃

波形发生和数据获得系统

· 快速信号发生更新速率：10MHz，16 位分辨
· 快速数据采集系统：16 位分辨，双通道同步采样，采样速率每秒 1000000 点
· 外部信号记录通道最高采样速率 1MHz
· 可拓展扫描电化学显微镜功能

附件：

· 电极线
· USB 通讯线
· 电源线

7.4.3.2 实验参数

· CV 和 LSV 扫描速度：0.000001～10000V · s^{-1}
· 扫描时的电位增量：0.1mV（当扫描速度为 1000V · s^{-1}时）

· CA 和 CC 的脉冲宽度：0. 0001 ~ 1000s

· CA 的最小采样间隔：1ms

· CC 的最小采样间隔：1ms

· CC 模拟积分器

· DPV 和 NPV 的脉冲宽度：0. 001 ~ 10s

· SWV 频率：1 ~ 100kHz

· i – t 的最小采样间隔：1ms

· ACV 频率范围：0. 1 ~ 10kHz

· SHACV 频率范围：0. 1 ~ 5kHz

· FTACV 频率范围：0. 1 ~ 50Hz，可同时获取基波、二次谐波、三次谐波、四次谐波、五次谐波、六次谐波的 ACV 数据

· 交流阻抗：0. 00001 ~ 1MHz

· 交流阻抗波形幅度：0. 00001 ~ 0. 7V 均方根值

7. 4. 3. 3 其他特点

· 自动或手动 iR 降补偿

· 电流测量偏置：满量程，16 位分辨，0. 003% 准确度

· 电位测量偏置：±10V，16 位分辨，0. 003% 准确度

· 外部电位输入

· 电位和电流的模拟输出

· 可控电位滤波器的截止频率：1. 5MHz、150kHz、15kHz、1. 5kHz、150Hz、15Hz、1. 5Hz、0. 15Hz

· 可控信号滤波器的截止频率：1. 5MHz、150kHz、15kHz、1. 5kHz、150Hz、15Hz、1. 5Hz、0. 15Hz

· 旋转电极控制电压输出：0 ~ 10V 对应于 0 ~ 10000r · min^{-1} 的转速，16 位分辨，0. 003% 准确度，需要某些旋转电极装置才能工作

· 通过宏命令可以控制数字输入输出线

· 内闪存储器可迅速更新程序

· USB 口数据通讯

· 电解池控制：通氮，搅拌，敲击(需要特殊电解池系统)

· CV 数字模拟器和拟合器。用户定义反应机理(CHI630E 以上)或预定义反应机理(其他型号)

· 交流阻抗模拟器和拟合器(具有交流阻抗测量功能的型号)

· 最大数据长度：256K – 16，384K 点可选择

· 仪器尺寸：37cm(宽)×23cm(深)×12cm(高)

参考文献

[1]华中师范大学，东北师范大学，陕西师范大学，北京师范大学编．分析化学实验[M]．北京：高等教育出版社，2005.
[2]朱明华．仪器分析实验[M]．北京：高等教育出版社，2001.
[3]张济新，孙海霖，朱明华．仪器分析实验[M]．北京：高等教育出版社，1992.
[4]许金钩，王尊本．荧光分析法[M]．北京：科学出版社，2006.
[5]陈宏．常用分析仪器使用与维护[M]．北京：高等教育出版社，2007.
[6]黄一石，吴朝华，杨小林．仪器分析[M]．北京：化学工业出版社，2013.
[7]董慧茹．仪器分析[M]．北京：化学工业出版社，2000.
[8]崔学桂，张晓明．基础化学实验[M]．北京：化学工业出版社，2003.
[9]郭景文．现代仪器分析技术[M]．北京：化学工业出版社，2004.
[10]白玲，石国荣，王宇昕．仪器分析实验[M]．北京：化学工业出版社，2004.
[11]天津大学分析化学教研组．仪器分析[M]．北京：高等教育出版社，2016.
[12]彭图志，王国顺．分析化学手册－第四分册[M]．北京：化学工业出版社，2017.
[13]柯以侃，董慧茹．分析化学手册－第三分册[M].2版．北京：化学工业出版社，2004.
[14]黄一石．分析仪器操作技术与维护[M]．北京：化学工业出版社，2005.
[15]郭景文．现代仪器分析技术[M]．北京：化学工业出版社，2004.
[16]王秀萍，王宪恩．仪器分析技术[M]．北京：化学工业出版社，2003.
[17]方惠群，于俊生，史坚．仪器分析[M]．北京：科学出版社，2002.
[18]穆华荣，陈志超．仪器分析实验[M].2版．北京：化学工业出版社，2004.
[19]朱良漪．分析仪器手册[M]．北京：化学工业出版社，1997.
[20]蔡艳荣．仪器分析实验教程[M]．北京：中国环境科学出版社，2010.
[21]叶宪曾，张新祥．仪器分析教程[M]．北京：北京大学出版社，2007.
[22]冯玉红．现代仪器分析实用教程[M]．北京：北京大学出版社，2008.
[23]刘志广．仪器分析[M]．北京：高等教育出版社，2007.
[24]张华，刘志广．仪器分析简明教程[M]．大连：大连理工大学出版社，2007.
[25]俞英．基础化学实验－仪器分析实验[M]．北京：化学工业出版社，2008.
[26]武汉大学．分析化学[M]．北京：高等教育出版社，2016.